"十四五"职业教育部委级规划教材

U0740844

服装毕业设计与
数字化表现

FUZHUANG BIYE SHEJI YU
SHUZIHUA BIAOXIAN

主编
郭智敏

副主编
赵 锐 覃清华 索 理

中国纺织出版社有限公司

内 容 提 要

本书为"十四五"职业教育部委级规划教材。

全书共6个部分：毕业设计综合实践概述，包括服装毕业设计的目的、要求、时间与进程、案例分析；从灵感的获取到设计元素的转化；服装毕业设计主题确立与方案完善，包括效果图表达以及面料、色彩、图案、细节的创新设计；实施与工艺，包括印花、绣花、洗水、植物染、3D打印等工艺的应用；设计作品的演绎与表达，包括服装拍摄、3D数字化虚拟展示；设计素养与求职技巧。

本书对应服装专业服装设计综合实践类课程，适合高等院校服装专业师生作为教材使用，也适合作为服装设计爱好者创设自己服装品牌的设计项目实施工具书，属于校企合作编写的教材以及"高本衔接"教材。

图书在版编目（CIP）数据

服装毕业设计与数字化表现 / 郭智敏主编；赵锐，覃清华，索理副主编 . — 北京：中国纺织出版社有限公司，2023.12

"十四五"职业教育部委级规划教材

ISBN 978-7-5229-1333-9

Ⅰ. ①服… Ⅱ. ①郭… ②赵… ③覃… ④索… Ⅲ. ①服装设计－毕业设计－高等职业教育－教学参考资料 Ⅳ. ①TS941.2

中国国家版本馆 CIP 数据核字（2024）第 024981 号

责任编辑：郭 沫　　责任校对：寇晨晨　　责任印制：王艳丽

中国纺织出版社有限公司出版发行
地址：北京市朝阳区百子湾东里 A407 号楼　　邮政编码：100124
销售电话：010—67004422　　传真：010—87155801
http://www.c-textilep.com
中国纺织出版社天猫旗舰店
官方微博 http://weibo.com/2119887771
北京通天印刷有限责任公司印刷　各地新华书店经销
2023 年 12 月第 1 版第 1 次印刷
开本：787×1092　1/16　印张：13.25
字数：258 千字　定价：59.80 元

前　言

　　纺织服装行业是我国传统支柱产业、重要的民生产业和创造国际化新优势的重要产业。随着产业转型升级的持续推进、纺织服装产业链的各要素和环节，在低碳环保、人工智能、虚拟现实、大数据方面都在快速升级和变革。服饰文化对于建设文化强国来说具有重要意义，在历史的长河中，中华服饰文化以其独特的魅力和风格，成为中华文明的重要象征。在全球化的背景下，弘扬中华服饰文化，推动中国服装设计和服装品牌的国际化创新发展，有助于提升国家的文化软实力和国际影响力。

　　20世纪至今，时装界出现了三次大规模的科技未来主义浪潮：19世纪60年代的"太空时代"，千禧之交的互联网初兴时代，以及虚拟现实、生态环保与人工智能交织的当下。当下时装与科技的密切联系，实现更高机能、更舒适的人体穿着感，或者环保可再生的设计。技术的进步让更多的服装爱好者为自己或他人设计服装逐渐变成了可能，设计作品被认可，进而创设服装品牌，是所有服装设计师和服装设计爱好者的梦想。从设计灵感的获取到设计方案的完善、服装制作及作品的演绎与传播，完整的实践方法掌握和实践过程训练非常关键。

　　"服装毕业综合实践"是服装专业学生在校期间的最后一门综合性实践课程，接下来是去企业顶岗实习。它具有特殊性，教学活动完全是以学生为中心，教师扮演的是引导、协助、技术支持的角色；教学空间多样化、从理论课室到实训课室再到企业技术中心和面辅料市场；限定时间内，以任务为导向，依据自身设计项目自主设置时间节点和进程，完成设计项目。优秀的服装毕业综合实践成果既是作品也是产品，很多服装企业通过毕业作品来判断学生的设计综合能力，少数具备一定条件的学生通过综合实践找到自己创设服装品牌的方向和起点。

　　目前笔者所在单位服装专业在校生达3000多人，涵盖了春季招生、秋季招生、中高职衔接、专本衔接、现代学徒制、订单班、产业学院等多种办学形式。近年来学校服装专业发展突飞猛进，国家纺织服装虚拟仿真基地、国家纺织服装生成实训基地、国家示范性纺织服装职教集团的立项建设，以及全国高职院校服装专业标准的制定、国际交流合作以及服装行业国际标准的制定和输出。截止到2023年，广东职业技术学院服装学院连续9年参加中国国际大学生时装周并进行专场发布，开阔了教师和学生的视野，提高了在校师生的积极性，近五年来学生参加各类服装设计大赛获奖200多项。近三年在服装智能制造、虚拟仿真、数字化方面投入数千万元进行服装专业建设，都为本教材的编写提供了实践基础和教学积累，也带来了挑战。

本教材从2020年编写至今，行业处于产业升级的加速期，教学环境和对象都在发生急剧的变化，始终处于调整修改状态，至今还有诸多不尽人意之处。由于本人水平有限，书中难免有疏漏和不妥之处，恳请同行专家和广大读者批评指正。在此也感谢周主国、郑静、连思敏、冯韵珊、黎丹参与案例分析及版面设计，感谢深圳星东西科技有限公司创始人、中国十佳设计师徐妃妃提供的品牌创设素材及指导。

郭智敏

2023年冬天于佛山

第 3 部分
主题确立与方案完善

第 4 部分
服装毕业设计项目的实施与工艺

第5部分
设计作品的演绎与数字化表达

第6部分
职业素养与求职技巧

第 1 部分
毕业设计综合实践概述

课前准备：预习"案例一"。

课时建议：项目一　毕业设计综合实践的目的　1课时

项目二　毕业设计综合实践的要求　1课时

项目三　毕业设计综合实践的时间与进程　4课时

项目四　毕业设计综合案例分析　4课时

重　点： 1. 服装毕业设计的三个特性。

2. 服装毕业设计的四个要求。

3. 毕业设计的选题原则。

难　点： 1. 常见问题中关于毕业设计市场和创意的尺度把握。

2. 关于舞台服装效果和成衣效果的理解和把握。

3. 服装色彩的理解如何转化成色块来认知和分析。

项目一
毕业设计综合实践的目的

毕业综合实践是服装与服饰设计专业学生在校期间完成设计基础训练后的一门综合性实践课程。

任务一 目的、意义及作用

通过毕业综合实践环节，全面检验学生对第三、第四年所学专业知识和技能的掌握程度，加强学生对服装设计、服装色彩、材料应用与创新、结构及功能设计、工艺设计与综合应用、系列设计策划等专业知识的应用和综合锻炼，提高学生分析和解决生产实际问题的能力。

巩固基础专业知识与技能，依据自身专业视角结合业界新知识、新技术、新动态灵活运用于毕业设计。能够阅读相关技术文献、收集并分析资料进行设计分析和设计拓展，并形成设计方案。培养学生的感性思维能力和领悟能力，能依据抽象情感思维进行理性的设计分析，并通过设计发现、思维拓展、市场调研与分析、资料收集与整理、设计表达、设计方案的形成与调整、工艺技术的组织以及产品的推广、演绎等一系列的综合实践过程，检查学生的知识掌握能力、思维拓展能力、创新运用能力、技术实践能力、组织协调能力、团队协作能力、综合表达能力及项目综合管理能力。图1-1是广东职业技术学院

图1-1

2018级学生薛瑶围绕运动功能、材料科技、都市国潮三项融合进行的服装系列作品创作，获得2020年中国大学生女装设计大赛唯一金奖。

任务二　毕业设计综合实践选题原则

学生通过各自对主题的不同理解，将主题作为切入点和灵感源；寻找构成主题的元素，以主题为骨架，再拓展相关设计元素概念，形成整体设计的新观念；通过课题分析、元素提炼、造型分析、技术分析四个方面的思维体验，将这些元素运用到自己的服装设计中；通过感性认识和服装设计的创意，最大限度地发挥自身的主观能动性和创造性。

任务三　教学角色及要求

一、教师的能力与素质要求

指导教师应具备良好的专业技术素质、强烈的市场意识与创新设计观念，一般应具有中级以上职称或者具有三年以上的服装企业实践经验。只有这样才能在新技术和新理念不断涌现、市场迭代升级加剧、产业结构和消费需求发展变化的今天，指导学生树立正确的毕业设计综合实践训练目标、获得适应社会和企业需求的应职应岗能力。

初级职称教师一般不单独指导毕业设计，可以作为辅助人员参与毕业设计指导工作，也可以聘请理论水平较高、实践经验丰富的企业专家开展毕业设计指导工作。

二、教师的作用与职责

依据现有的技术和物质条件及行业发展动态提出毕业设计选题方向，并通过与系部及企业的沟通确立选题方向，拟订毕业设计任务书，制订毕业设计指导进度计划表，收集毕业设计选题方向的相关设计素材、技术储备及设计资源。

指导教师必须全面地了解学生，分析学生的知识特点和能力构成及兴趣爱好，帮助学生进行选题策划，并积极地引导学生全力完成毕业设计。在毕业设计指导过程中，应注重激发学生的兴趣爱好，引导独立思考分析并解决问题的能力和团队协作意识，在设计创作的目标确立和实施过程中注重工匠精神和设计服务大众与社会的认知观念的培养，应全面关心学生。

力求做到因材施教，根据具体学生或学生团队分析其特点和现实条件，引导学生确立合适的选题及目标，并指导学生根据自身特点制订毕业设计实施进度计划。注重设计思维训练和设计方法的指导，同时注重创造性思维的启迪，在保持学生独立分析和完成设计项目的基础上，适当地介入其中，帮助学生解决难点。指导教师要会找重点、抓关键，对学生每一个毕业设计方案的关键要点要有清晰的认知，预判可能出现的问题并提出指导建议，一旦出现设计问题，能够及时地提出调整修改意见或者和学生一起分析解决设计问题。毕业设计指导的过程中应注重学生之间的交流与学习，互相交换设计信息、分享设计及实施的资源，可提高设计效率，实现优势互补，避免错误。

科学合理的评价应该是结果评价与过程评价相结合，创新能力与市场需求相结合，分析与解决问题的能力相结合，设计方案组织与设计实施结果相结合，以及综合能力素质培养等多方面因素相结合的综合评价。毕业设计综合实践的教学成果是前期整个课程教学效果的综合体现，能客观反映前期教学过程中存在的问题，需要引起高度重视，并及时做好归档整理和推优评选工作。毕业设计的各种成果既有实用价值，也有教学研究价值，还可为下一届学生提供较好的现实教材和案例。

任务四 服装毕业设计的三个特性

一、专业特性

服装设计不是纯技术，也不是纯艺术，是技术与艺术的高度融合，是由多学科交叉的综合性学科。服装产业的结构变革和社会需求的迭代升级需要服装设计从业人员具备更加专业的服装专业能力。服装专业能力是服装专业毕业生的必备条件，这种能力的获得必须经过系统的培训学习和逐渐的积累来获得，面向未来的服装专业能力必须包括较为完整的设计能力和专业素养，对服装技术和服装理论都有一定把握的能力。

服装专业是一个大的门类，所涉及的岗位有设计、企划、板型、工艺、跟单、质检、销售、生产管理、陈列展示、买手、运营管理等方向，不同方向的学生在知识和能力构成上略有不同。例如，以设计为主的服装专业学生，除了掌握基本的设计程序和方法以及艺术修养和时尚触觉，还需要了解服装产品的工艺特点和板型特征，具有较强的成本意识和质量意识以及数据分析能力和沟通协作能力。

二、应用特性

毕业设计是服装设计专业学生面向企业和社会的桥头堡，是毕业生专业能力的全面考核，不是简单的"走秀"，毕业设计的成果应考虑应用性。借鉴和参考企业的标准和程序来指导毕业设计实践很有必要，可提高设计效率，缩短与企业岗位的距离。无论是概念性课题还是实践性课题、无论是虚拟课题还是实际开发课题都要做到完整、规范，并具备在生产和应用上的可操作性和发展潜力。

毕业设计的应用性应始终围绕问题来展开，涉及身、心及社会的需求。例如，环保问题、老年人关怀问题、婴幼儿保护问题、社会心理问题、服装结构功能等舒适性问题、生产成本的缩减问题、技术和工艺革新下的设计产品开发问题、新兴市场空缺的填补问题等。随着社会需求的迭代更新，社会对服装设计本身的要求也在发生变化，围绕身、心及社会能具体通过毕业设计作品来分析并解决实际问题是服装毕业设计的重要特征。

三、创新特性

创新是服装设计的本质特征，创造力是服装设计的核心竞争力，没有创新的服装设计产品就像离开了水的鱼、脱离泥土的鲜花，失去生命力，且不会被消费市场接受。人的审美心理本身就蕴含着求新、求异、求美的特征，所以也决定了设计必须做到求新、求异、求变。设计的过程就是创造新事物的过程，而服装设计本身与时尚相连，更是视创新为生命之源。

设计的创新包含不同的层次和内容，它可以是在原有基础上的改良、改进、融合创新，也可以是完全的创新，如全新的概念、新思维、新材料、新技术、新样式的呈现。它既满足人们不断变化的现实需求，也能起到引领新生活方式的作用。作为未来的设计师，服装毕业设计的关键在于科学精准地围绕主题发现问题，并通过服装设计的方法和手段来解决问题，追求卓越的设计创意和不断探索新的表现形式，提升作品的现实价值与艺术感染力。

项目二
毕业设计综合实践的要求

任务一　原创性要求

服装毕业设计必须遵循原创性设计的原则。服装毕业设计是学生在校期间3~4年学习生涯的总结与汇报，是学生对学校所传授知识和技能的掌握与应用程度的综合反映。原创性要求是服装毕业设计的生命线，绝对不允许抄袭和刻意模仿。

原创性是一个相对概念，绝对的原创本身并不存在，中国古代哲学和绘画艺术中有"师法自然"，说明借鉴的重要性，任何事物不可能凭空被创造。原创性要求可以是整体的原创与创新，也可以是局部的借鉴与创新，也可以是从某一设计要素的角度进行创新。毕业设计原创性的甄别关键在于从设计出发点到设计实施并完成的过程中是否有设计师自己的设计思想与设计创新，从设计成果的角度来看是否提供了新的样式。

任务二 时尚性要求

服装设计作为一种视觉艺术形式，必须注重形式美，遵循形式美法则。不同时代、不同社会、不同阶层对美的认知和需求不同，对服装审美和时尚潮流的认知、理解及需求也不尽相同。随着社会信息的扁平化与多样化，虽然在审美和时尚的认知上趋同和求异并行发展，但是不同社会群体和阶层的人在时尚和审美上的差异化格局不会改变。

法国雕塑大师罗丹认为，所谓大师就是用自己的眼睛看别人所见，在司空见惯的事物上发现美。服装毕业设计的时尚性要求在当下的社会生活中发现美和创造美，作为服装设计师，应该关注社会、关注生活，从生活中挖掘和提炼设计元素，用时尚的眼光设计符合当代审美需求的服装作品。

任务三 社会性要求

服装毕业设计的社会性要求包括两个方面：一是设计必须以人为本，服务大众；二是设计必须以市场需求为导向。

"以人为本"的设计思想最早由工艺美术运动时期的理论家约翰·拉斯金（John Ruskin）提出，后由威廉·莫里斯（William Morris）继承并实践，强调设计为大众服务，而不是为少数人服务。服装设计无论是成衣设计还是概念设计，都以人为根本服务对象，不适合人们穿着且不符合人体基本活动的服装更应该被理解为装置产品或者装置艺术品，所以服装毕业设计必须关注人、以人为本且尽可能为大众群体服务。

服装毕业设计必须以市场为导向，满足市场需求，脱离市场需求的服装设计不具备生命力。香奈儿（Chanel）的格子外套、迪奥（Dior）的New Look等经典样式，时至今日还会不断地被媒体大众提及并被重新设计。其根本原因是这些设计满足了当时的市场和社会需求，并创造了销售的奇迹。

任务四 技术性要求

服装毕业设计不仅是提出设计创意和实现创意，更要求设计作品尽善尽美。它是对服装设计表达、服装人体工学、服装板型、服装裁剪、服装制作工艺以及服装展示的知识和技能的综合反映。从设计创意到面料选取，再到服装成品的实践过程，涉及对工序、设备、生产流程、工艺和品质把控的多个方面，优秀的服装毕业设计作品力求工艺制作合格到位。

项目三
毕业设计综合实践的时间与进程

任务一　时间阶段控制

如图1-2所示，可以将9周的毕业设计综合实践分为3个阶段、9个步骤。

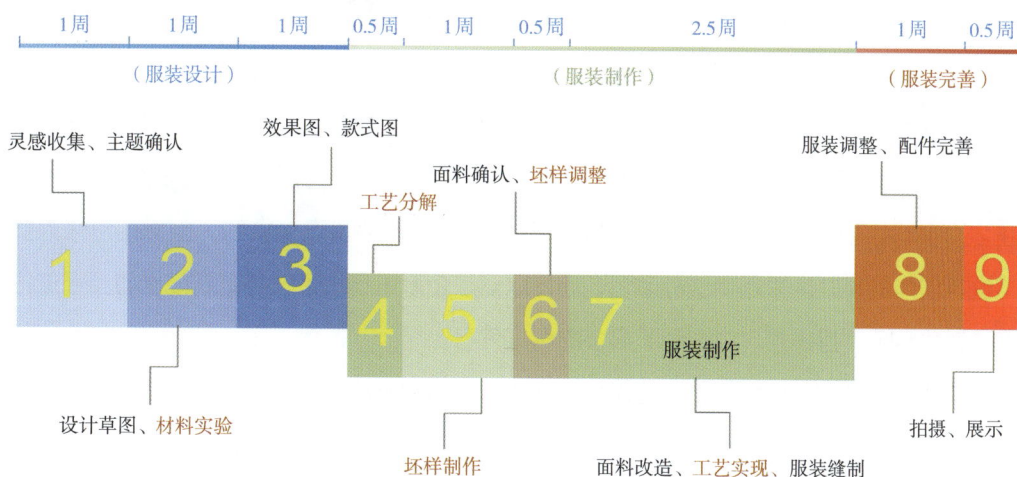

| 1周 | 1周 | 1周 | 0.5周 | 1周 | 0.5周 | 2.5周 | 1周 | 0.5周 |

（服装设计）　　　　　　　　　　　　（服装制作）　　　　　　　　　　　（服装完善）

灵感收集、主题确认　　　　效果图、款式图

面料确认、坏样调整

工艺分解

服装调整、配件完善

1　2　3

4　5　6　7　　服装制作

8　9

设计草图、材料实验

坏样制作　　　面料改造、工艺实现、服装缝制

拍摄、展示

图1-2

任务二　常见问题分析

衣服是做出来的，不是画出来的。好的设计构思必须能落地并付诸实施。毕业设计综合实践是设计思维、审美意识、绘图表达、板型制作、工艺实施的综合表达，毕业设计综合实践成果也是服装设计综合素质的体现。好的设计要直击人心，要能打动人。

一、关于色彩

回顾和思考服装色彩搭配的基础知识，包括同色系搭配、邻近色搭配、对比色搭配等。在解决实际的服装设计问题时，往往面对的是不同材质和肌理的色彩组成。在服装设计的色彩认知上有两点很重要，首先把复杂的设计构思中的颜色简化并抽象成最基本的色块，明确其色彩属性；其次，需要明确同样明度和纯度的色彩在不同的肌理条件下呈现的效果是不同的。这是解决服装设计色彩问题的关键，也是服装设计区别于其他设计门类的魅力所在。

明度和纯度低的系列可以用高明度和高纯度的局部色块进行点缀提升。图1-3是北京服装学院学生参加2017年中国国际大学生时装周新人奖"十佳新人"获奖作品。设计灵感来自都市的高楼印象，以浅灰色系为主基调，用色块与线条的构成方式与服装流行相结合，大胆地采用皮革和聚氯乙烯（PVC）材质，采用明度和纯度非常高的蓝色、黄色，瞬间点亮了整体设计。

图1-3

邻近色系的色彩搭配中色调很重要，不同的色调呈现不同的色彩氛围和设计情趣。图1-4是广东职业技术学院2016级学生欧阳杭子的毕业设计作品"冈仁波齐"，该作品获2019年中国国际大学生时装周"针织设计奖"。此作品是以藏族的八宝祥瑞符号为灵感进行创作的，并未采用传统的藏色，而是以蓝灰色系进行组合，将藏族元素与当代流行服装款式结合，呈现当代中国潮流男装的民族气息。

单色系服装的设计面料肌理的差异化选择非常重要。单色系服装虽色彩统一，但也容易单调，缺乏趣味，用绘画语言来讲就是容易"闷"。这类服装的设计要尽可能地增加面料肌理的反差效果。图1-5是黑色系服装，设计师以黑色针织面料为主，辅以黑色皮革编织的设计，弹力针织与挺阔皮革很容易就打破了黑色服装本身的"沉闷"。图1-6是广东职业技术学院2014级学生的毕业设计作品，为红色系服装，将粗针毛线、薄毛呢及缎面亮光的丝绸面料三者组合，材质的反差让作品生动且层次丰富。

对比色系的服装设计除了注意基本的对比色服装色彩搭配方式，还应注意整体的色相差带来的不同的服装视觉效果。图1-7是一组冷色调的对比色系服装，浅粉的玫红色、粉蓝色和略带浅粉的明黄色为整个运动休闲服装注入了时尚的气息。图1-8是一组暖色调的对比色系服装，激烈的颜色碰撞让偏休闲的服装运动感更强，同时也能掩盖相对较弱的细节设计。

图1-4 图1-5 图1-6

图1-7 图1-8

二、关于面料

在毕业设计创作中，面料对于服装整体效果的呈现体现在三个方面：一是面料的搭配关系到服装的风格走向和色彩氛围；二是面料的厚薄和肌理关系到服装的造型效果及缝制工艺；三是面料的再造是服装创新设计的重要环节，从近年来的中国大学生时装周、服装赛事及流行趋势来看，面料改造至关重要。面料的搭配能力取决于服装基础知识的学习和积累，面料对服装形态的塑造以及与人体的关系的把握能力是需要通过一定的设计实践来提高的，面料改造既能很好地展现服装整体的创意设计，又能让服装快捷地从其他服装中脱颖而出。

介绍面料改造的书籍和网络资料近年来也有不少，但在设计实践中如何处理面料改造与服装整体的关系，即好的面料改造创意如何恰当地运用在具体服装款式中的相关研究较少。

面料改造可以是局部的改造，也可以是整体的改造，但改造的手法和形式不宜太多，一到两种就好。不可为了追求服装效果的表达丰富而破坏服装视觉效果的整体和统一。如图1-9所示，两款服装整体都进行了面料改造，虽然一款是单色，另一款是多色，但都具有很强的视觉冲击力。如图1-10所示，将编织改造融入款式的局部细节，特别是右边一款直接用皮革编织替换服装袖子设计，手法成熟，视觉效果生动，能给成衣设计和时尚流行带来启发。

图1-9 　　　　　　　　　　　　　　　　　图1-10

三、关于廓型

廓型是由服装的内外结构呈现出来的服装剪影。我们从远处观察一个人的着装，首先看的是颜色，其次就是廓型。廓型是决定服装风格走向重要的设计元素之一。"大廓型"是近年来讨论服装时尚时最频繁的词汇之一。

毕业设计创作中经常会出现有阔而无型的问题。大廓型并不是一味地追求大，其是一个空间上的相对概念，是通过视觉空间上的维度差表现出来的，并且与作为服装载体的人体相关，必须放置在一定的人体、空间和风格呈现的角度来看。

如图1-11所示，这一系列服装就好像一个"空箱子"，服装没有了空间上的差，而且服装与人体的关系也被剥离，一味地追求大反而失去了美感。图1-12是广东职业技术学院2014级学生钟明珠的毕业设计作品，作品为"另一名"，获2017年中国国际大学生时装周"最佳男装设计奖"。该作品从廓型上看非常大且颜色比较单一，外套在廓型上的空间变化比较明显，黑色双层复合毛呢与白色透明衬衣在材质上的对比显著提升了作品的视觉张力，而激光切割的镜面装饰图案布局巧妙，上身用块面组合进行适当遮挡，下身通过曲线带来了飘逸灵动。整个作品把原本造型笨重、颜色沉闷的大廓型服装变得统一且不乏生动，整体具有强烈的视觉效果，张力满满。

图 1-11　　　　　　　　　　　　　　　　　　图 1-12

四、关于市场和创意

　　毕业设计是走成衣路线还是创意路线，或者偏市场、偏创意，是一个在服装专业毕业生之间甚至毕业设计指导老师之间经常讨论的话题。其实毕业设计创作本身并不需要特别考虑是否偏重创意或者市场，因为目前年轻人的着装需求已经开始模糊所谓的成衣和创意，同样过去看来比较具有创新特点的服装也越来越追求成熟及务实。今天讨论毕业设计创作时不应该再抛出所谓的成衣或者创意的思维定式，而是应该从设计最初的灵感理念出发；从构建作品本身的技术和材料实现的具体情况出发；从面对的设计对象和群体的生理、心理、社会需求的实际出发，客观地进行创作并完善作品本身即可。通过发现问题、分析问题，然后利用服装设计的手段、思维、方法去解决服装相关的问题，这样的设计就是好的毕业设计。

　　如图 1-13 所示，是清华大学美术学院 2017 年中国国际大学生时装周优秀毕业生作品，将东北虎形象和民族图案进行了融合创新，简单的黑白灰毛织搭配，廓型简洁、细节突出，既有成衣的既视感，也不乏明显的图案和材料创意。图 1-14是 2017 年四川美术学院设计艺

图 1-13　　　　　　　　　　　　图 1-14

术学院刘静的新人奖"十佳新人"获奖作品，从廓型上看是当时方兴未艾的大廓型，具备较为明显的创意特质，但从细节上看非常的成衣化，细节精准完善。就两个作品而言，成衣也好，创意也罢，只要从设计本身的需要出发，认真分析并解决设计问题，都可以成为好作品，无须刻意处理。

五、关于细节

年轻的服装设计师因为实践经验相对欠缺，在设计细节上的把握能力普遍比较弱，因此在这方面经常出现问题。首先应该明确什么是"细节"，"细节"是从服装设计理念和设计功能出发，在符合服装总体造型语境下的设计亮点。另外，设计的细节并不是越多越好，应该恰如其分或者恰到好处，甚至画龙点睛。

如图1-15所示，是中国美术学院2017届本科优秀毕业生作品，整个款式设计简洁干练、设计点突出，用几何线面的方式进行创作。胸前局部设计的半截实木边框一下子让整个作品生动起来，设计师既没有过多或者过大地使用这一处理方式，也没有直接用一个完整的木框，这一半平面、一半立体的木制设计得恰如其分，起到了画龙点睛的作用。从整体造型角度来看，模特左耳上的蓝色小方耳环也是恰好地搭配了整个服装。如图1-16所示，是清华大学美术学院2017届优秀毕业生作品，民族元素结合运动色系彰显国潮时尚，袜子以低纯度的紫色为主色，与服装大面积的黄色形成对比，不至于过于突兀；另外，袜子上的其他点缀色也起到了丰富服装视觉效果的作用。倒挂在腰部的羽绒上衣袖口加上了一双低纯度的紫色手套，既解决了羽绒材质的上衣倒挂下来的不适问题，也给作品增加了趣味。

图1-15

图1-16

六、关于传统

每年毕业设计中都有很多与中国传统文化相关的作品，有些设计在传统元素方面处理得比较好，也有不少处理得差强人意。可喜的是，近两年来随着综合国力的增强，国人的民族文化自信心急剧增强，涌现出了不少的"国潮"品牌和优秀的"国风"作品。这些都为服装专业毕业生挖掘民族元素，进行设计创作提供了借鉴。

处理传统设计元素切记不可直接照搬和想当然地进行创作，必须深入地对传统设计元素进行分析，因地域、民族及时代不同，审美的心理也不同。借传统元素重点在"借"，而不是直接照搬，今天的人不可能站到古代人的审美语境下去欣赏服装作品，所以需要对传统元素进行重新解构，找到其与时代相融合的美的价值所在，运用设计的手法进行设计元素的转化。脱离当下的时代环境和流行趋势考虑时装设计就是搬起石头砸自己的脚，除非就是进行单纯的服装复原或者造型研究。

如图1-17所示，是2017年中国国际大学生时装周某大学的服装毕业设计作品，似乎在表达某种中国风格，但从服装结构、流行、材质以及设计手法的角度缺乏亮点。图1-18是2017年清华大学××学院优秀毕业设计作品，具有中国传统元素的左襟右衽和大袖，但又明显不是传统的中国大袖和门襟处理，转化了服装结构，替换了传统材质，并融入了街头潮流元素，整个作品既体现了当代流行趋势，也不失传统意味。

图1-17

图1-18

项目四
毕业设计综合案例分析

任务一　案例"不·筝"

"不·筝"是广东职业技术学院2021届学生庆瑞东的毕业设计作品（图1-19）。设计的最初灵感来自古筝在弹奏时所散发的韵律，其悠扬清雅、宛如清泉流淌的律感深深触动了作者，因此设计师以古筝为载体，探寻中国传统文化并开始收集相关的信息。通过信息的收集逐步把设计的方向锁定在人与古筝的关系上，并提出"现代生活应如古筝温婉、悠扬的艺术表现力一样，放慢节奏，静心聆听"的设计想法。作者希望通过服装的艺术语言和手段探索人与古筝之间的关系，进而呼吁人们在快节奏的生活中放慢节奏，追求内心世界的平静。

图1-19

为了实现设计想法，作者找来了相关的灵感素材进行佐证，这一想法也得到了指导教师的认可。在教师的指导下开始了头脑风暴式思维拓展训练，如图1-20所示。这一过程非常关键，通过收集古筝主题相关联的灵感图片，将调研过程中得到的信息转换成有效的服装设计语言（色彩、图案、廓型、结构、细节等），进而分析整理构思形成设计草图。这个过程，需要先做思维导图，但是一般情况下设计师有了想法就会去找图片，有了图片又获得新的灵感，这样不断地反复修改。

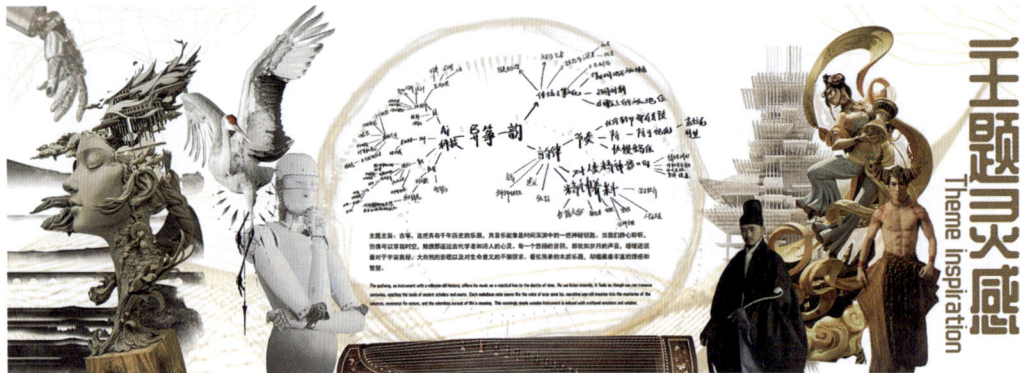

图1-20

在头脑风暴的过程中指导教师的作用非常关键，需要引导学生在思维发散的过程中逐步往服装设计的方向靠拢。如图1-21所示，设计师设计理念"古筝弹奏，质朴而真切、惟妙惟肖。通过提取古筝的声音，将声音数据转化成可视化，根据声音的节奏、强度和情感，营造出富有动感和节奏感的设计方向"。以古筝弹奏的声音为媒介，确立设计主题，同时凝练出相对应的关键词，但这些非常有趣的关键词缺乏与服装设计相关联的要素，在指导教师的帮助下，通过再一次的梳理，逐步确立了"线条、非平衡、结构重组"等关键词。

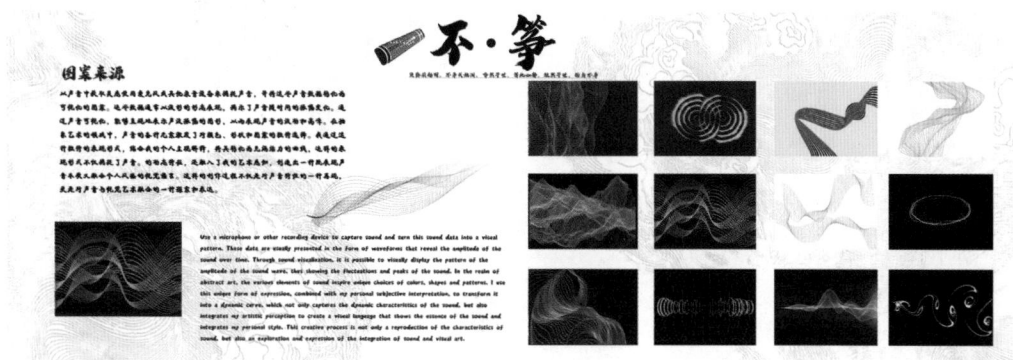

图1-21

设计师明确了"声音（线条的表现形式）、非平衡（穿插要素）、融合共生（廓型要素的中性表达）"为该系列设计的核心要素。如图1-22所示，首先通过线条的设计表现形式和穿插元素信息分析，来反映当下的都市时尚潮流；然后"融合共生"的信息分析明确了以中性廓型男装来诠释这一主题；最后通过探讨流行趋势形式在服装上的表现，彰显对"不筝"设计主题的思考。

图1-22

服装作品的创意固然重要，但脱离了市场和流行要素却很难打动人。图1-23是设计师从服装品牌中找到的一些参考借鉴，并进一步梳理出了"不对称、精致裁剪、双层结构、动感造型、中性廓型"等核心元素。图1-24是设计师提取颜色，"不·筝"系列设计作品，色彩灵感主要是古筝自身的色彩即咖色，对照当下的流行颜色即果酱棕，传递一种愉悦、自然的感觉。

图 1-23

图 1-24

大量的设计手稿是优秀毕业设计的关键步骤。再好的创意构思没有一定数量的手绘表现将无法落地，也很难进行设计组织和设计的拓展迁移。依据教学经验建议一个系列5套的服装设计，学生需要绘制15~20个草图以备挑选和调整。图1-25是"不·筝"系列的设计效果图，效果图是设计师设计构思的集中表现，它既是设计师设计表达能力的体现，也是设计师组织和运用设计元素的综合能力体现，所以设计师务必非常认真地将设计的理念、整体氛围、设计细节都融入其中。

图 1-25

设计效果图绘制完成后需要进行款式图绘制，款式图是款式设计的具体表达。毕业设计款式图可以将款式细节、材料工艺、面料类型、缝制工艺以图为主、文字为辅的方式表现出来，特殊情况下还可以直接配上参考图片进行补充说明。如图1-26所示，有详细的标注，如可拆卸肩部衣盖、裤子板型、上装领口采用中式领、前片采用刺绣效果等。

图1-26

通过对设计款式的进一步分解，将服装的工艺流程、服装裁片的大致结构、需要采购的面辅料数量和大小以及特殊工艺的预处理都需要进行综合的统筹，形成相关的制作信息的汇总。制作胚样并进行调整是服装毕业设计中的一个重要环节，通过胚样调整可以及时纠正设计、板型、结构方面的错误。如图1-27所示，制作胚样看似浪费时间，实际上是必不可少的重要环节。从二维的平面图到三维的服装成衣，过程中难免会有考虑不周和不恰当的地方，特别是在创意设计当中，因为款式结构变化大、设计元素丰富、工艺难度大，所以制作胚样可以快速对设计进行检查，避免出现错误，节约制作时间。

在毕业设计中面料的使用也极为重要，服装面料是服装的三要素之一，可以诠释服装的风格和特性。这就需要设计师经过反复的考量，特别是一些局部特殊工艺的表现需要根据面料的特性，才能达到一定预期的成衣效果。如图1-28所示，"不·筝"的设计作品选取了香云纱提花面料、精梳羊毛面料、疯马牛皮面料、真丝欧根缎面料等，彰显品质感。

图 1-27

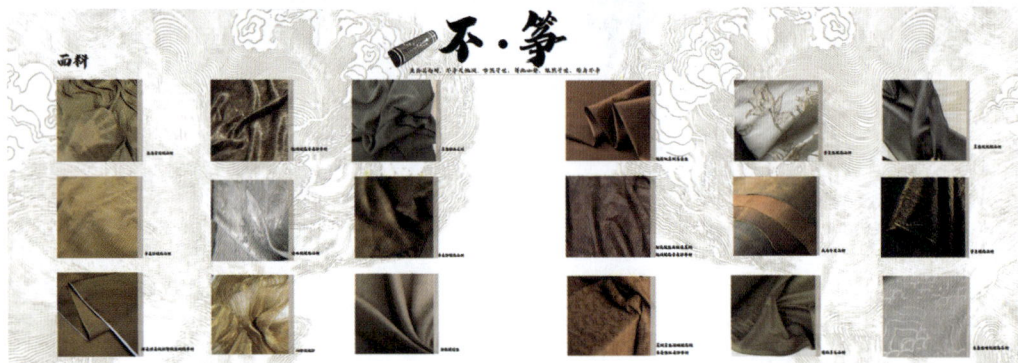

图 1-28

如图 1-29 所示，此系列使用了旗袍上吉祥边的装饰手法，结合弧形刺绣的工艺手法，将这些富有中国传统特色的元素巧妙地融入现代服装设计当中。疯马牛皮面料穿线，使用单线双针来去缝，也是通过多次实验才得以成功。

如图 1-30 所示，毕业设计创作中会需要去工厂或者工作室跟进和沟通各种工艺相关的事情。服装的面辅料处理工艺非常繁杂，如印花、绣花、钉珠、烫钻、烧花、压褶、染色、激光切割、烫画、面料复合，即便是这些常见工艺，每一种又可以细分出几十种工艺。例如，印花目前主流的机器印花有丝网印花、转移印花、数码印花，其中就丝网印花又可以从染料分水浆、胶浆、水胶浆、油墨、发泡、厚板胶、拔色、植绒等这些各种工艺形式成就了求新求变的需要，但也是课题教学的难点。毕业设计实践可以让学生根据设计需要去了解涉及的各种工艺的特点和应用范畴并激发创新思维。在工厂或工作室处理这些工艺问题的过程本身就是非常好的学习过程，了解生产流程、掌握工艺的适用范畴、激发创新思维、树立成本意识和锻炼沟通技巧。

图 1-29

图 1-30

当服装和配件都设计制作完成以后，还需要进行设计作品的拍摄。服装的拍摄策划需要考虑主题、妆容、场景、道具以及模特选取、造型预想以及摄影和后期，这都需要设计师作为负责人进行精心策划并实施。图1-31是"不·筝"系列的成品图片，当时设计师在广州的影棚进行拍摄，大幅的书法作品组合成的场景和编织绳的道具也为整个设计增色不少。

图1-31

任务二 案例"一览长安彩"

扫二维码可见"一览长安彩"视频日志和毕业设计案例。

"一览长安彩"
视频日志

"一览长安彩"
毕业设计案例

1. 找一系列你喜欢的服装，并从原创性、时尚性、社会性、技术性四个方面进行分析。

2. 邻近色系的色彩搭配中不同的色调呈现不同的色彩氛围和设计情趣，请找两个系列作品进行比较分析。

3. 请根据课程安排和自身情况制订毕业设计时间进度表。

💡 课后拓展

扫二维码可见完整的毕业综合实践指导书（参考）。

毕业综合实践
指导书

第 2 部分
从灵感的获取到设计元素的转化

课前准备: 1. 预习项目一。

2. 扫描正文24页3个二维码,并根据要求回答问题。

3. 找一个自己非常喜欢的设计系列,并分析其设计灵感的
获取途径。

课时分配: 项目一　服装设计灵感的获取　2课时

项目二　服装设计概念的塑造　2课时

项目三　流行元素的提炼　4课时

项目四　设计元素的转化与运用　4课时

重　　点: 1. 设计灵感的获取方法和思维的训练。

2. 服装概念的塑造方法。

3. 设计元素的快速表达。

难　　点: 1. 对消费市场的调研。

2. 设计元素的精准分析。

3. 服装概念的塑造。

项目一
服装设计灵感的获取

设计来源于生活，也创造生活。创新是设计的原动力，设计创新的灵感来源无处不在，包括人文艺术、社会生活、自然环境、动植物形态，甚至微观世界、宏观宇宙。设计师需要用一双善于发现的眼睛观察我们生活的世界，具备细致观察、用心感受、热爱生活的能力，从而去发现美和创造美。

任务一　艺术

音乐、绘画、戏剧、影视等艺术形式是物质文明和精神文明的集合，具有丰富的内涵和价值，是毕业设计创作丰富的素材来源。优秀的艺术形式可以将人们的心神提升到凌驾于感官及物质世界之上、趋于理智和道德的理想境界。

不同的音乐可以带来不同的意境和感受，即便相同的音乐也可能给不同的听众带来大体相同但部分相异的意境和感受，在其脑海里构建出不同的色彩和画面。人们将音乐称为时间的艺术，旋律是指经过艺术构思形成的若干有组织、有节奏的和谐运动，在音乐上专指音的连续，音的快慢、高低起伏及间隔的时间。曲调是一种表情达意的手段，也是一种反映人们内心感受的艺术语言。各种音乐要素在不同乐曲或乐曲的不同部分，其表现作用不尽相同。音与音之间级差越大，节奏、节拍意义越突出，曲调的表情就越具有特殊意义。在音乐中具备的主要元素，服装设计中也能与之相对应。在服装设计中，人体与服装的组合关系，服装的形与色、形与形、色与色的相互关系和起伏过渡，是在视觉上产生的空间上的旋律。服装的造型特点、色彩关系、位置大小都可以构成不同的空间节奏感。例如，服装的色调越柔和，视觉上的空间节奏感就越弱；服装色调上的对比越大，视觉上的空间节奏越强烈。

分别扫描三种风格音乐二维码，用5～6个关键词或者100～150字的故事性短文，描述你听到的3组不同音乐带给你的画面感受。再针对每一组音乐分别用15～20分钟，以快题表达的方式绘制一个系列3套服装设计草图。

古典风格音乐　　街头风格音乐　　未来风格音乐

好的建筑设计是人类智慧的结晶，是建筑功能和时代审美文化的结合。不同时代的建筑能恰当地反映当时社会的思想意识和审美情趣。

设计师热爱从建筑艺术中汲取灵感，建筑艺术蕴含特定时代的风格、色彩、结构和理念等多方面灵感，如拜占庭风格、哥特风格、文艺复兴风格、巴洛克风格、洛可可风格等。设计师可以通过观察不同时期的建筑特征，提取其中的标志性元素，如建筑的形态、色彩、结构、纹样、廓型等。

当建筑和时尚领域相碰撞时，融合产生新的构造方法、新的轮廓和新的形式。具有神秘宗教色彩的哥特式建筑常常成为设计师的灵感来源。图2-1为郭培2018年秋冬系列，米兰大教堂最突出的特点是尖塔高耸、十字拱、立柱和彩色玻璃长窗等，设计师将大教堂的外部尖耸结构运用在礼服上，采用钉珠片工艺，把传统哥特式建筑的繁复细节呈现于服装中。相对于传统建筑，现代建筑充满了科技感。设计师艾里斯·范·荷本（Iris van Herpen）提取阿拉伯联合酋长国首都阿布扎比的安巴尔塔（Al Bahr Towers）的蜂窝结构进行设计，通过3D打印技术强调建筑的蜂窝结构，在领脖位和腰位改变结构密度，增加了节奏层次的变化，突出现代科技建筑风格造型（图2-2）。

图2-1

具有未来感的建筑呈现出动感且简洁的特点，诺亚·拉维夫（Noa Raviv）应用3D打印技术营造出起伏的整体风格（图2-3），是向扎哈·哈迪德（Zaha Hadid）在阿塞拜疆巴库设计的流畅的海达尔·阿利耶夫中心（Heydar Aliyev Center）致敬。海达尔·阿利耶夫中心建筑空间呈现流动的曲线延伸，并具有褶皱堆叠的形态，在服装设计上，设计师也模拟了建筑曲面动态线条的起伏空间，突出服装

图2-2

图2-3

与身体线条的流动感。设计师将建筑的造型、材料、色彩三方面特点转移到服装设计中，为身体设计具有建筑立体感的服装样式。

任务三　生活

设计源于生活，服装以人为本。生活环境影响并制约人们的着装风格，设计师对生活场景以及特定客观环境的了解，展示不同类型的服装。生活中有许多行为或场景都能成为设计师的关注焦点，如环境、本土生活、旅行、心理体验等，都是设计师关注生活和环境文化带来的一系列心理体验。

环境是指人类生存的空间，是直接或间接影响人类生活和发展的各种自然因素。设计师需关注不同地区、不同民族的生活环境或自然界的环境，对其中的历史传统、文明习俗、社会关系等进行资料收集整理，如苗族银饰、印第安人的羽冠等；或者关注环境自身的可持续发展状况等，类似主题如"藏式风情""可持续生活""温室效应"等。图2-4中的"月牙儿"，是设计师玛琳·奢瑞（Marine Serre）的作品和个人品牌的符号，也形指她自身民族的阿拉伯文化，作品中常常混合高定、成衣、运动和神秘色彩、个人符号进行设计。

本土生活指在居住环境背景下为生存发展而开展的各种活动。本土生活可强调区域生活的标志特点，结合当地生活文化特点，提取可视化的符号元素进行设计，如北京的胡同、广府的饮茶文化、粤港的茶餐厅等。

设计师在旅行中寻找灵感，不同文化、地域及视觉体验中的刺激因素不断为设计师提供新素材（图2-5）。设计师经常基于不同的生活体验和文化体验产生创作灵感，可以是对本土文化的符号记录，也可以是通过旅行体验将不同的环境符号转化在服饰设计中，表达某种情感或符号语言。

图2-4

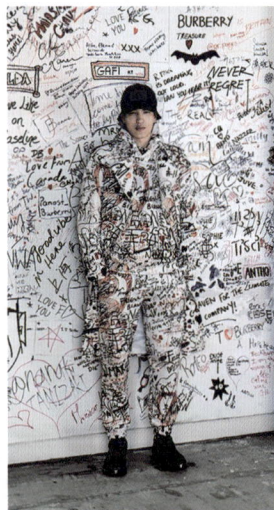

图2-5

事件是指已发生的事件和现在发生的事件。21世纪是信息化时代，互联网带来的高速信息传播能力，使人们可以很快接收到最新、最热的信息事件，从时间上可分为热点事件和时尚事件。热点事件是一种网络文化，即人们身边发生的热门新闻事件，其具有强烈的影响力或娱乐性特点。

把热点事件融入服装设计中，有助于训练设计师的敏感度。热点事件一般通过两种形式进行服饰语言的转换，一是提取元素符号，进而重新排列组合；二是从实用主义出发，提出具有解决问题的功能化设计。设计师可从不同角度进行元素的提取整合，设计视角可以是具有警示视觉化的，也可以是具有功能化的（图2-6）。

例如，战争。图2-7是一款防水防风的夹克披风外套，脱下后，可变身为帐篷。图2-8系列设计中有可背小孩的背带结构、反光标识条。这一系列设计语言充满为难民提供温暖、安全和实用的设计初衷，体现了设计师具有人文关怀精神。

图2-6

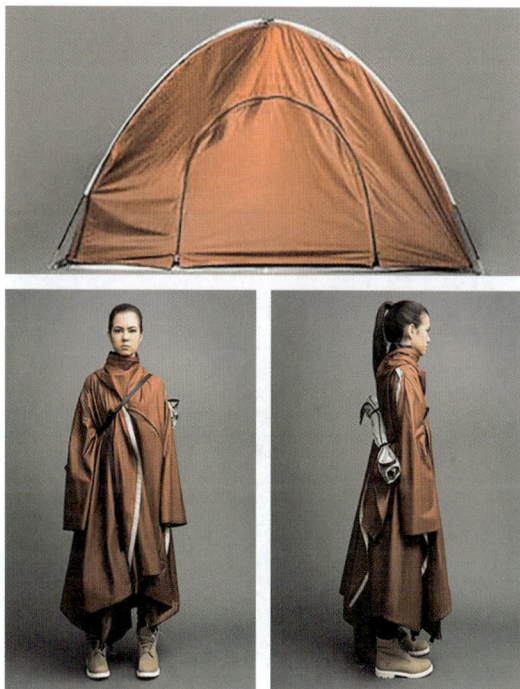

图2-7

图2-8

对时尚的捕捉能力，可以理解为一种对信息的捕捉能力。时尚事件则是关注时尚圈的重要新闻与变革事件。例如，目前时尚界有哪些新的引领趋势，或者品牌设计总监的更替。设计师需要常常思考时代思潮、流行趋势、人们关注的焦点。时尚偶像、街头时尚中的服装搭配、比例、色彩、面料、纹理和穿着方式都可以为设计师提供灵感，帮助其设计前卫的作品。

任务五　未来科技

随着高科技和可持续理念的发展，人们对服装设计的思考与创新将不断融入新的技术手段，"智能服装"的研发为目前传统纺织服装行业注入新的活力与生命力。设计师不再局限于真丝、棉麻等传统面料，数字化生活、新型生物科技、可再生技术、3D打印技术不断在创新设计中绽放光芒。

20世纪60年代，太空热浪潮影响着当时的时装设计师。有着"未来主义之父"之称的安德烈·库雷热（Andre Courreges），在1964～1968年推出"太空时代"系列设计（图2-9），定义为未来主义风格，以笔直、简洁和实用的审美影响时尚界。

20世纪拉开未来科技的序幕，21世纪对未来主义探索从未停歇。侯赛因·卡拉扬是一位以服装为媒介研究人类的艺术家。在2007年秋冬秀场，推出Video Dress概念，模特在黑暗中穿着发光的裙子缓缓走出，衣身被嵌入上万个发光二极管（Led），外层磨砂面料覆于Led上，呈现光影的朦胧感（图2-10）。同年春夏秀场，服装中设置智能升降功能装置，裙子部分采用片状结构，结合调节工具，横向可向外伸展，纵向可上下升降。在其每一季的发布现场，总能看到对未来科技的探寻创新设计。

图2-9

图2-10

荷兰服装设计师艾里斯·范·荷本被称为"3D打印女王"，利用可回收塑料等环保材料，通过3D打印技术制作惊艳的时装（图2-11）。灵感较多源于自然生物的题材，如2018年秋冬秀场，设计师打造仿生设计，以"编织"工艺为起点，结合先进的数码技术设计编织工艺，用激光切割欧根纱，丝质欧根纱经褶皱效果和液体图层处理，以不同方向折叠再层叠，数千层像飞鸟翅膀的飘动形态赋予时装美轮美奂的形态（图2-12）。艾里斯·范·荷本的每场高定秀场都能带来独特的视觉体验。

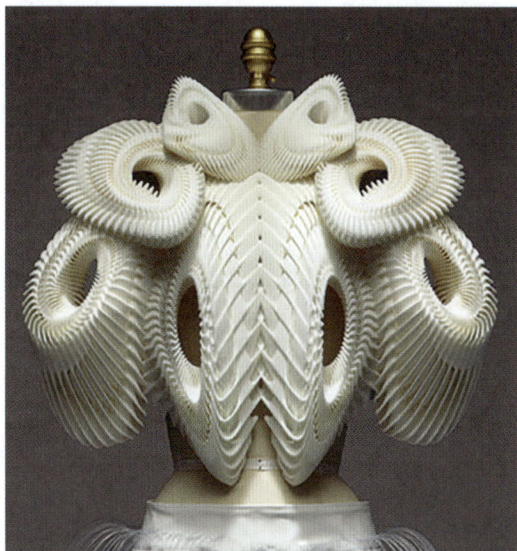

图2-11

图2-12

任务六　影视艺术

　　影视具有超越其他一切艺术的表现手段，随着现代社会的发展，影视已深入人们生活的方方面面。影视与时尚的关系可谓密不可分，通过时尚使角色更加生动，在时尚的光环下提升了内在的着装品位，而时尚产品也通过影视来找寻灵感，引领潮流。影视中不经意的一个造型很有可能成为经典。当我们观看影视时，总是会不知不觉地被其中的时尚产品吸引，将时尚元素深深印入脑海。这些时尚元素在为影视增色的同时，也引诱着观众去购买类似的产品，给这些产品带来连锁的品牌效应。在研究时尚与采集流行时，我们要学会在观看影视的同时，挖掘更多的时尚元素，通过影视的天马行空，观察到无形中影响着设计师的命运与时装产业发展的走向。总之，服装和影视关系紧密，服装会影响剧情的表达，影视能左右时尚的传播。

项目二
服装设计概念的塑造

"概念"是指"反映对象的本质属性的思想，这也是服装设计这个行业自身的艺术品格和思维形式"，是"人们通过实践，从对象的许多属性中，抽出其特有属性概括而成"的。概念类时装具有很强的探索性和前沿性。

任务一　概念的塑造

人对世界的认识、人类的全部文化、科学知识以及思想，都是由概念组成的。在服装设计中对概念的塑造与表达，不受现实条件的约束，更倾向于勾勒在最佳理想状态。概念类服装强调的是创新性、前瞻性或指导性，它更多提供的是一种"思想"和对未来趋势的把握。随着科技的迅猛发展，新材料的介入以及新的设计手段的运用，服装设计和秀场发布所蕴含的概念性越加明显，这也让服装设计这个行业自身的艺术品格和思想内涵更加丰富。

概念类时装具有很强的探索性和前沿性。在概念服装初始的构思与设计阶段，通常不会过多地涉及现实和具体的功能问题。它具有不确定性、强调尝试和试验，这在当今品牌的商业宣传活动中表现得十分明显。概念的塑造需要设计师去尝试最新的技术、材料、工艺、观念、生活方式等，同时也凝聚当下最先进的技术成果，并始终处于时代的前端。

概念元素具有很强的包容性，设计也通常会以艺术的方式来呈现。例如，维果罗夫（Viktor & Rolf）的设计作品常常呈现艺术与服装基于不同形式的融合，在2015年秋冬高定系列中设计了"可穿着的艺术"（图2-13），用装置艺术和服装进行了一场完美的展示，墙上的"画框"可穿着在模特上，也可静置于背景墙中。

如图2-14所示，整个秀场的服装都采用纯白色的3D立体设计，灵感源于毕加索式画风，抽象的眼睛、嘴唇和鼻子等五官，通过不对称排列营造出杂乱无序的感觉。

服装设计本来就具有交叉学科或跨学科的性质。美国动力学雕塑家安东尼·豪（Anthony Howe）是一位研究风与雕塑的艺术家，他的作品富有自然的生动和科技的美感。他设计了2016年里约奥运会的火炬装置，且大量作品被推至世界各地宫殿和雕塑公园。他曾说，"人类能够做的成就是没有极限的"。

图2-15是安东尼·豪与艾里斯·范·荷本合作的2019年秋季高级定制时装秀。模特们

图 2-13

图 2-14

图 2-15

穿过被命名为"Ominvers（大地万物）"的三维立体循环球形装置，在气流的作用下，不仅仅是装置，服装也跟着模特的移动而产生流动的效果。"Omniverse"雕塑装置的旋转运动，搭配模特身上的"羽毛翅膀"旋转，仿佛置身于催眠现场，闭场时那条名为"Infinity（无限）"的连衣裙更是把整个秀场的艺术性推向极致。这件连衣裙采用螺旋结构设计的骨架，由铝、不锈钢和轴承组成，分层的羽毛在行走中伴随空气流动，产生转动的动感。

任务二 优秀毕业设计案例

该作品的设计师是广东职业技术学院2020届服装与服饰设计专业学生劳茵和赖卓晖，获2020年中国国际大学生时装周"科技创新奖"（图2-16）。设计灵感来源为"赛博朋克"，采用3D打印技术将中世纪的铠甲造型和现代面料结合形成"刚柔"平衡。扫描二维码可见详细过程。

"'神'说：要有光"毕业设计案例

图2-16

该系列服装作品通过简洁、干净的线条和分割来表现未来感，运用Led灯体现人体的肌肉线条，让作品更加有层次感，使该系列的未来感整体提高，并运用冷色调去冲撞未来科技与自然（图2-17）。激光烧花（图2-18）和3D打印技术也是在服装上的新尝试。

运用3D打印技术制作盔甲，通过建模、打印、喷漆等技术体现盔甲的质感、花纹，并且与面料相结合，体现未来机械金属与纺织品的交错融合。盔甲的造型和花纹参考了文艺复兴时期皇家盔甲的造型，使该系列的未来感有新的层次，混搭产生不同的效果。在面料上大多使用了太空棉、运动面料、皮革等（图2-19），打造更有未来感的造型，使用皮革打造战甲，更好地在服装上体现人的肌肉线条，与以往未来感服装相比，该系列从人体出发，体现人与科技及自然的密切关系。该系列还强化了硬与柔、冷与暖的对比。

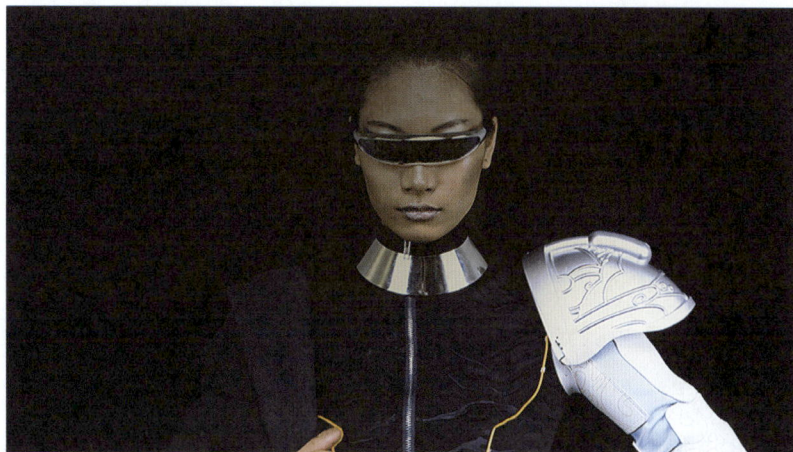

图 2-17

图 2-18

图 2-19

项目三
流行元素的提炼

　　服装设计师需要有很强烈的时尚敏感度，才可能适应潮流、引导潮流、创造潮流。把握服装流行发展的脉搏，需要在当今资讯发达的社会里学会训练自己敏锐的观察力、辨别力和分析力，需要学会分析利用各种情报和信息。而媒体正是利用其自身快捷、丰富、信息量大的特点和传播手段，将当今时尚资讯在第一时间以直观形象的资料传播给大众。媒体包括电视、广播、专业杂志、报纸、网站、论坛，以及户外媒体（如路牌、灯箱）等。浏览当今众多媒体，相关的时尚款式、美容化妆、服饰新潮、逛街购物等时尚资讯占据了相当重要的位置和版面。在这里，市场和媒体都担负着重塑时尚面貌的工作，通过这些时尚热点，让时尚消费者追随传媒，尝试最新的风格。而设计师，为了保持新鲜的时尚意识，了解消费者的时尚心态，也需要经常关注时尚媒体对着装风格的引导，将这些引导作为设计背景素材，为设计提供相应的理论与形象依据。

任务一　对消费市场的调研

　　服装市场是服装与消费者之间的桥梁，设计师可以通过对卖场服装的调研了解各种风格的品牌服装在当季所推出的新款，包括比较它们之间在流行要素上的使用并做适合人群相关采集，以及消费者对新款上市的认可度、购买欲，以便判断设计取向。流行元素的采集方式可以是多样的，对市场所有品牌，按高、中、低不同层次进行长期跟踪，反映出的流行信息往往是最直接且行之有效的。通过图文或数据的方式对历年来产品价位、款式特点、用色方法进行归纳提取。关注现实存在的时尚，也是最容易实现的设计市场的收获，对面料、细节等进行逐年逐季对比分析可能会收获更多令人意想不到的惊喜。生活中的着装和个性搭配也能激发创作灵感。随机询问部分顾客购买新款的原因，使设计更具针对性和推广性。作为服装设计师，具备善于捕捉和整理信息的能力，并对可能做的改进设想进行分析非常重要。

　　对不同档次和风格的品牌服装中的市场流行元素的采集最主要的是眼的观察。观察可以是看橱窗、看商场、看街头，对主流品牌本季的色彩、面料、款式、细节进行调研，也可以是看建筑、看风景，通过观察生活、观察自然等进行综合分析和图示整理，用心去分析，提取相关的设计元素，将整理的时尚元素图例与同季国际、国内流行元素应用于设计。"看"不等于"见"，从"看"到"见"需要兴趣，需要方法。"看"与"见"的桥梁是注意，注意的起因是兴趣。保持对生活中各种事物和现象的兴趣对设计，特别是毕业设计的创作非常重要，用专业和好奇的眼光对待生活中的时尚现象很关键。在观察时，要有目的地去注意、去寻找，不但观察事物本身，还需要分析其相互关系和影响，发现美再创造美。

任务二　对街头时尚的调研

街头时尚除了指反映大众对流行服饰着装体现外，这里的街头时尚主要体现为一些时尚青年较为个性、另类的着装理念。街头作为流动的时尚窗口，街头着装反映了大众对这一时期、这一季节的流行取向。众多的时尚杂志将街头拍摄的个性化着装作为观察流行的主要版块。

街头时尚作为一种个性化突出的服装风格深受时尚青年的追捧，尤其是在美国、日本、韩国等。这种风格以另类、夸张、体现个性为主，主要以解构、重组、打破传统的着装方式来体现，非常注重服装材料的再造和综合材料的组合，结构上注重简单中求变异，甚至不受流行的影响，色彩使用大胆，突出服装个性。正是由于受到大量时尚青年的喜好，他们的个性化着装也成为很多设计师原创的素材，于是出现了专门为这类人群而存在的时尚品牌和设计师。

一、调研方法和内容（表2-1）

表2-1　调研方法和内容

序号	方法	内容
观察生活	选择主城区人口相对集中的地段和时尚娱乐场所，观察着装的整体风格	分析不同年龄段的时尚选择和价值取向以及个性着装的时代背景与成因
询问调研	以问为辅，选择部分有代表性的人群，询问调查他们对着装的喜好、选择的品牌、购买地点、参考价位等，并做相应的评估	关注与这些风格相搭配的服饰配件，如包、帽、鞋、皮带等，并分析其与主流时尚的纵向联系与横向差异
记录分析	结合拍摄，对部分着装个性突出的人群做图像收集，分析适合的范围和年龄段	是否具有借鉴意义并进行进一步拓展运用的分析

二、设计案例

从解构、重组、打破传统着装方式来体现，非常注重服装材料的再造和综合材料的组合。如图2-20所示，作品"冬·激情冰雪"是广东职业技术学院2020届学生卢银珑、银雅键的毕业设计作品，设计灵感源自2022年北京冬奥会上的滑雪项目。

作为出生在中国大陆最南端省份的年轻设计师，希望通过服装设计展现冬奥文化，推广运动项目。通过调研分析，我国冰雪运动起步晚，底子薄，国家大力普及群众性冰雪运动，加快发展冰雪产业。系列颜色以银白色作为主色调（图2-21），通过市场调研和流行色分析，银白色是渐变的灰色，与神秘未来、太空、摩登等关键词相连。金属感的银白色，特别有扩张感，不但抢眼、闪耀，还自带前卫的时髦感，重要的是它还有很强的百搭性。豆沙色、暖蓝色则给人温暖，具有活力。

款式和细节通过冰雪运动装备的市场调研，结合2022北京冬奥会的主题设计。款式上，力争在保障防寒和运动功能基础上展现时尚飘逸，通过男女组合体现运动中的项目多样性、男女平等，体现"纯洁的冰雪，激情的约会"的愿景。功能细节上，运动装备功能、运动时尚、运动安全、绑带抽绳、防水拉链、收纳口袋、户外卡口等（图2-22），通过大量的实际调研进行确认并转化设计。图案设计采用了往届冬奥会的口号（图2-23），并进行图形的解构和重构，既能凸显2022北京冬奥会，也显示出了对冬奥运动内涵的传承和发扬。

图2-20

图2-21

图 2-22

图 2-23

时尚刊物主要有两大类，一类是针对消费者的指导性消费杂志，尽管部分服装界专家也阅读此类杂志，但其主要对象还是消费者；另一类是专业性杂志，其目标主要是时装设计师、制造商、零售商、时装顾问、时尚买手及市场中的品牌代理人等。

20世纪初，设计师和生产商的服装产品走向市场的唯一选择就是通过杂志广告。当今，一方面，人们通过这些专业期刊了解服饰流行趋势和最新潮流以及下一季的流行时尚。另一方面，服装设计师通过类似 *VOGUE* 一类的著名专业杂志发表创新设计，还有一些专业编辑、资深评论员等通过在期刊上发表文章，将造型、色彩、流行观点传达给消费者。这些主流杂志聘请的时装评论家对流行风格的影响很大，对流行时尚的传播起着重要的作用。例如，时尚界的资深人物、最权威的时装编辑安娜·平姬（Anna Piaggi）。有媒体说，约翰·加利亚诺（John Galliano）出道时，其设计的作品并不被人看好，甚至被视为垃圾、荒唐，正是由于安娜·平姬的评述和推崇，助推约翰·加利亚诺成为引领时尚的设计师。

任务四　网络调研

网络是20世纪90年代后期崛起的强势媒体。它集及时性、丰富性、知识性、可收集性等多种优势于一体，可以说，网络使今天的资讯变得比任何时代都更加丰富快捷。通过不同的网络平台，人们可以查阅需要的图文资料、观看时尚发布的在线视频，或在专业论坛交流经验，或进行电子商务，了解和掌握瞬息万变的流行趋势。

大数据时代，最新的时尚资讯总能在第一时间与全球共享，不受时间、空间、地域的限制，时尚领域的大数据分析已经开始并逐渐影响时尚产业，需要重点关注。利用网络资源的分享互动，是时尚生活方式、着装方式选择和主流时尚观点收集行之有效的办法。

一、时尚网站

时尚网站主要分为专业时尚网站、品牌类网站、设计师品牌网站、时尚杂志网站几个大类。专业时尚网站是时尚设计者先浏览的对象，具有专业性强、功能突出、分类细致、资讯更新及时的特点，包括世界几大主要时装周信息，以及代表设计的最新发布、相关时尚产品介绍、历年发布图片查寻等。

品牌类网站是以品牌风格、品牌路线、品牌最新产品发布、品牌连锁、电子商务为主的服装专业网站。设计师品牌网站是设计师风格最直观的呈现，其设计作品和相关附属产品的发布最为全面，有些甚至包含其支线品牌的全方位信息，从页面设计到交互运用，都能充分展现设计师对于品牌的价值定位。时尚杂志网站的专业性体现在突出时尚主题、流行发布更新及时、流行风格分析、资深时尚评述、网站个人观点等方面，功能性主要体现在服装分类版块、T台发布、细节元素、幕后花絮、时尚推荐、购物指导等方面。

通过这些专业网站，可以长期关注几大著名时装周的最新信息、主流设计师的最新发布和品牌近期或往年的产品风格，利于对设计师风格的研究和对品牌设计路线的综合分析。

二、专业时尚网络论坛

网络论坛是随着互联网的普及，人们从被动的浏览到主动参与网络平台进行互动的一种形式。这种形式，符合当代人缓解自身压力、发表个人观点、加入不同人群讨论、树立自身形象的心理需要。网络论坛在专业网站的基础上，更强调时效性、参与性、互动性。设计师不仅可以将自己的作品或对某一话题的观点发表在网络论坛上，还可参与到其他感兴趣的帖子中支持和辩论。网络论坛的资讯和观点既有普遍性，也有个性。

它的影响取决于对专业的系统性、知识性以及注册会员的数量、点击率、发帖量、回帖率等。网络论坛上的版块可以细分到你能设想到的或你需要的主流及边缘信息，它的资讯虽然不及专业网站那么快捷，并且大量的资讯来自其他专业网站，但每个发帖人的喜好、角度、立场、观点都不相同，对时尚的理解也有着自己的选择和针对性。当你不可能浏览所有网站时，网络论坛是你获取需要的素材、发表个人观点、共享个人资讯值得选择的方式。

三、时尚社交媒体

随着用户个性化消费理念升级、移动触媒习惯转变，时尚行业涌现了众多新型模式的时尚互联网媒体，时尚社交媒体以其获取时尚元素渠道的个性化、趣味性、低成本、高时效，逐步成为主流。微信、微博、抖音、快手、小红书等社交媒体的发展促使当下流行更加多元化。

以微信为代表的社交平台已经成为当下新媒体传播的核心渠道，以抖音、快手为代表的新媒体已经成为直播分享的核心渠道，而小红书作为时尚生活的分享平台，内容包括摄影、旅行、购物、时尚服饰、绘画艺术、美食分享等，也已经成为专业和非专业人士了解时尚生活的重要渠道。近年来，通过建立完善以名人、明星、网红及媒体内容为主体的资讯传播生态系统，以及在短视频和移动直播上深入布局，微博用户使用率持续回升。在此背景下，部分时尚博主的粉丝数达到几百万，影响力日益扩大，成为相关受众获取时尚信息和流行元素的重要渠道。

项目四
设计元素的转化与运用

任务一 设计元素的精准分析与快速表达

作品"假想天体"设计师为广东职业技术学院2020届服装与服饰设计专业苏明慧、李冰，灵感来自图2-24所示的一系列联想和想象。假想中的天体是宇宙中的喷射源，可以向外部区域提供物质和能量，但不能吸收外部区域的任何物质和辐射。就好似人在一定阶段只能刻苦努力地付出却没有任何的收获。

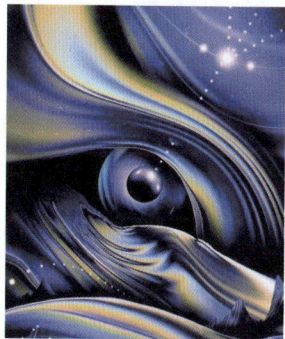

图2-24

如图 2-25 所示，系列设计运用紫色、灰色和卡其色进行对比与调和，以紫色作为主要色调，表现探索神秘星际的酷炫和神秘的气质。在具体颜色选取上，设计师通过流行趋势分析并结合设计主题概念和创作意境，进一步提取了葡萄色、黛紫、雪青三种主色，如图 2-26 所示。

图 2-25

图 2-26

该系列对流行趋势和同类型设计作品的廓型做了精准分析，如图 2-27 所示。接下来采用快题设计的方式进行头脑风暴，如图 2-28 所示，设计细节明确、与流行元素的契合程度非常高。光感镭射面料和网眼面料的采用既表现了运动科技，也塑造了系列服装的太空未来感，如图 2-29 所示。

Black hole

Imaginary celestial bodies, which are jet sources in the universe, can provide matter and energy to the external region, but cannot absorb any matter and radiation from the external region.

假想

- Imaginary celestial body

图2-27

图2-28

服装的局部细节图
Partial detail drawing of clothing

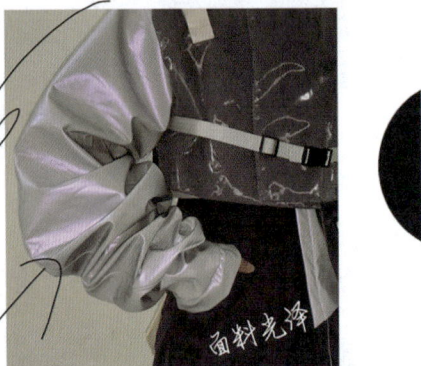

面料光泽

折射出紫蓝光

图 2-29

　　图案设计方面也非常讲究，提取太阳系各大行星元素（图 2-30），转换成各种简洁的符号，采用烫画、压胶等服装图案实现形式进行图案创作，虚实结合、平面设计与服装实施工艺结合。采用镂空"打鸡眼"（图 2-31）等常用工艺并进行改良创新，既是近年来镂空流行元素的体现，也表达了"天体"这一设计主题，能为品牌成衣设计师和潮流品牌设计师提供很好的借鉴。系列设计配件考虑也非常恰到好处（图 2-32）。

12s - Objects -2020

Mars

Neptune

Saturn

Jupita

ASTRONOMICAL CALENDAR

图案设计
Pattern design

图 2-30

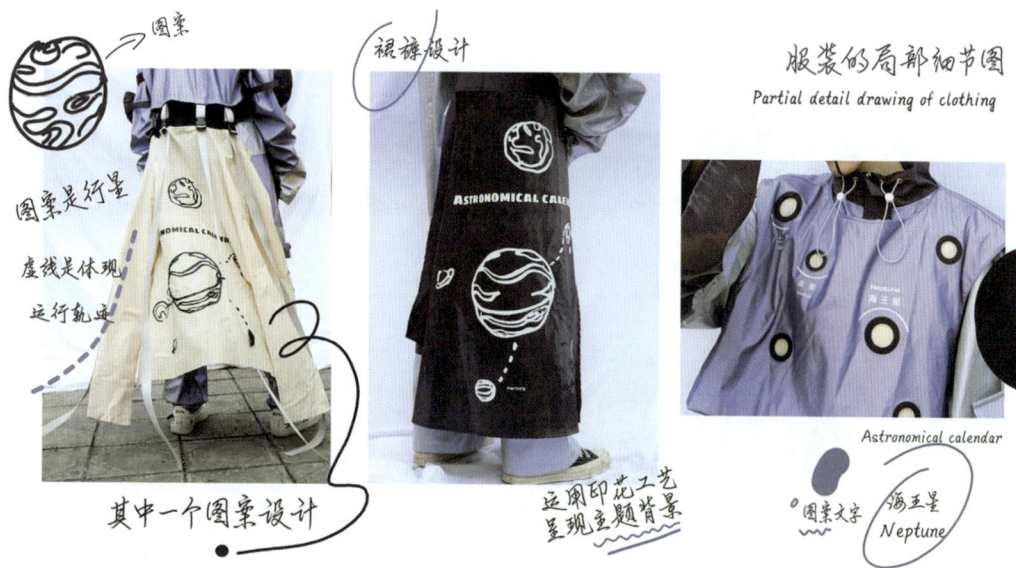

图案

裙裤设计

图案是行星

虚线是体现

运行轨迹

其中一个图案设计

运用印花工艺
呈现主题背景

服装的局部细节图

Partial detail drawing of clothing

Astronomical calendar

图案文字 海王星
Neptune

图 2-31

图 2-32

任务二　设计元素在具体案例中的运用

一、案例"得闲饮早茶"

如图 2-33 所示，这是一组非常具有广府意蕴的系列设计，有趣又非常具有广东文化特色，设计师是广东职业技术学院 2020 届服装与服饰设计专业刘潇珊、曾文清、姚晓然。作品名称"得闲饮早茶"，意思是"有空就喝早茶"，"饮"既有喝也有吃的意思。到过粤港澳地区或者经常看一些港剧的都知道这是一句"客套话"，也反映了广府人的早茶文化和生活状态。

图 2-33

　　广州人把饮茶称为"叹茶"（即享受之意），至今仍流传着"叹一盅两件"（即享受一盅香茶、两件点心之意）的口头禅。广州人讲究"食不厌精"，但点心的价格高低都有，穷富皆宜（图2-34）。

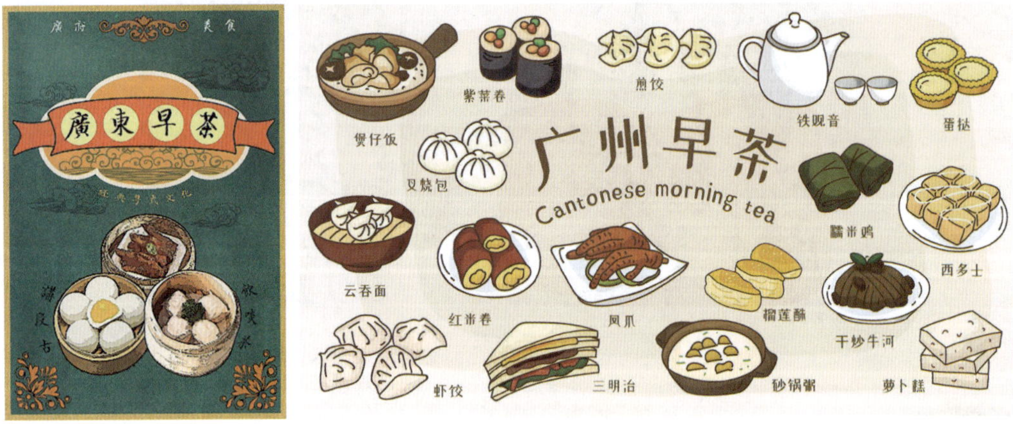

图 2-34

　　系列设计借用岭南民间饮食风俗中的"广东早茶"作为契合点，探寻饮食风俗与现代潮流的融合、国朝与风俗的交结，在运动装中将饮食风俗中的态度与现代时尚潮流融合创新。粤菜讲究色香味俱全，也注重菜品的精细，早茶就是其最集中的表现，各式茶点外形各异，各有讲究。如图2-35所示，设计师对茶点中比较有代表性的几款进行了图案的转化设计，首先对茶点的外形进行概括抽取，然后通过局部编制、口袋设计、印绣花等把各式茶点的外形和用具造型与服装进行融合，既表现了设计概念，也符合服装功能需求，如图2-36所示。

图2-35

图2-36

设计师尝试通过饮食文化来表现国潮流行，早茶点心是非常具有视觉符号的设计元素，但本身会非常具象，如何恰到好处地用到设计中，既不突兀也符合当下流行具有一定挑战。该系列设计考虑了以流行色明亮的黄和蓝色作为主色调，早茶造型的抽取提炼方面（图2-37），用服装结构和材料形式表现了小笼包的造型，采用流行的绑带元素塑造多个小笼包的密集排列，既具有舞台效果，也充分地表达了设计构思。系列设计中也多处采用镂空穿插（图2-38），来增加服装的时尚元素借鉴。编织工艺结合局部的口袋造型，既有服装的正常口袋功能，也作为符号化的标识，体现了茶点蒸笼的造型，如图2-39所示。

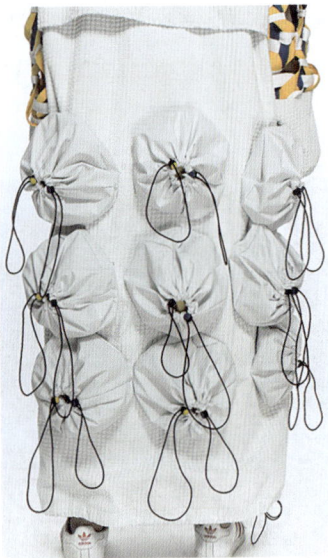

| 图 2-37 | 图 2-38 | 图 2-39 |

二、案例"粤韵启'狮'"

如图 2-40 所示，该系列主题灵感来自广府地区"南狮"的"启市、启狮"，设计师是广东职业技术学院 2020 届服装与服饰设计专业林晓彤。作品名称"粤韵启'狮'"，获得 2020 年中国大学生时装周"最佳配饰奖"。以舞狮的形式状态开启属于它的新篇章，寓意繁荣富贵，随着舞狮欢腾，登高采青。每逢节庆必有它为我们助兴，历代相传，在舞台上展现它惟妙惟肖的风采神情。在传统文化的熏陶下，它彰显着威严与神采，喜、怒、哀、乐、动、静、疑等，用图案和材料工艺炫出一个属于未来的新世界和新时代。

图 2-40

面料采用比较粗糙的肌理，加上针织的纹理、图案的细节、深灰色皮革，激光切割雕出不规则的小细节，流苏的舞动和等边线条的运用是点睛之笔。工艺上采用了手工编织、烧花等，做出立体感，更呈现了舞狮给人们的一种阳刚之气，如图2-41、表2-2所示。

图2-41

表2-2　作品面辅料及工艺信息

作品面料信息	作品工艺信息
绗缝羽绒	皮革激光切割
机织肌理	手工编织
粗针毛织	绗缝
皮革	烧花

三、案例"野生设计"

如图2-42所示，这是一个非常有趣且反映当代年轻人主张的环保系列设计作品，设计师是广东职业技术学院2020届专升本班的郑佳茵、杨絮。"野生的青春"和"潮味的设计"就是作品的主张，街头大大小小的广告、平淡无奇的编织袋、回收的破旧牛仔，再加上随心一刷的油漆泼墨，"杂乱无章"的市井气息诠释的是我们后浪的"硬糖精神"与"环保主张"。

图2-42

设计灵感来自网络上清华大学美术学院一名大学生的一段话："我想展现给大家，在主流的视野范围之外，还有这样一个由我们人民群众创造出来的，充满活力和智慧的精彩世界。它以最基本的被我们忽略的设计逻辑，巧妙地利用有限的材料和空间，来服务于日常生活，解决了普通人生活里一些真实的需求。"生活中很多细节、很多平凡的事物更加需要"心系童真"，以更加敏锐的年轻视角去发现，并进行设计创作，如图2-43所示。

设计师认为，野生设计其实是一个很宽泛的概念，是普通人在日常生活中用设计的方式去解决问题的行为的称呼。两名设计师尝试通过一些日常生活中最普通的材料（图2-44）和最常见甚至被人忽略的形式去表达设计，就像拼贴画，只不过实现的对象是在服装上。设计师采用的颜色也很"野生"，即红黄蓝"三原色"，通过设计师的适当调整以适应流行。

作品"野生设计"采用编织袋、塑料、胚布、废弃的迷彩包装作为服装面料，连透明的帽子都是由废弃塑料制作的，如图2-45所示。系列设计看似简单、"野生"，丰富的色彩和杂乱的材质其实需要设计师具有很强的色彩和肌理控制能力。从系列作品最终的成品

图2-43

图2-44

效果来看，展现出设计师在这方面具有很强的能力，这也是其学习成果的检验。当然，该系列设计也存在不足，主要体现为板型塑造和服装工艺以及细节上有所欠缺。

图2-45

课后思考与练习

1. 请从服装快题设计训练的三种训练方法中自选一种，2小时内完成一个系列5套效果图草图，并标注关键工艺和局部，主题自拟。

2. 请自找一个设计风格鲜明的服装系列，并结合服装设计元素分析它是如何从灵感转化到具体的服装元素运用上来的。要求图文并茂，200~300字并配图。

课后拓展

服装快题设计训练方法

一、关键词快速表达

关键词是定位流行风格的关键因素，是时尚设计方向性的指导，由关键词延伸出相关流行主题，供时尚推广选择。关键词反映了人们对流行的普遍心理状态，如怀旧经典、科技前卫、摩登城市、春暖花开等。关键词的选择可以涉及社会与生活的各个范畴，文字提取一般来自当今人们关注的热点问题，包括政治、经济、文化等方面的热点，反映了服装设计与时代文化的内在联系。关键词的表达一般先以简短精练的文字概括，再进行主题性描述，结合前期对时尚元素整理所积累的素材，形成可以指导后期设计表达的核心概念，以概念支撑文本。快速表达的目的在于对代表主流时尚的元素进行高度提炼，从而有效地选择使用。

二、局部设计快速表达

服装款式的局部设计，是在前期局部归类基础上展开的针对性训练，是在流行主题下的一系列款式中，归纳整理体现该主题特征的主流款式，完成领型、袖型、门襟、口袋、刀背线等细节款式的绘制。款式图例应有代表性，也可用与之相配的文字加以简要概括，绘制时注意对主流风格、部件特点、组合方式、运用体系、表现力等要素的考量，通过快速的细节练习与设计发散，熟悉服装结构的准确表达方式，了解成衣设计的基本条件和程序，掌握服装设计创新思维的基本方法。结合服装造型的基本要素，学会对流行元素进行细节呈现，为后期整体设计提供支撑。

三、面料设计快速表达

在大量调研的基础上，在众多的流行面料中，根据特定主题服装的风格确定以一种或一组面料作为关键面料进行面料小样的实践，并根据小样进行款式运用的快速设计。选择关键面料时，要以图例表现面料成衣后的大概着装效果，此时并不要求深入刻画，同时可用文字对织物的质感、特性、效果和表现力进行概括和说明。在进行一组服装的面料设计时，还要考虑通过面料表现出服装之间的联系和差异，以及不同服装搭配的视觉效果。

第 3 部分
主题确立与方案完善

课前准备： 1. 预习项目一。

2. 准备30张你认为在细节设计方面比较突出的服装图片。

课时分配： 项目一　设计方案中的效果图表达　2课时

项目二　设计方案中的版面设计与调整　2课时

项目三　设计方案中的面料创新与运用　2课时

项目四　设计方案中的色彩创新与运用　4课时

项目五　设计方案中的图案创新与运用　4课时

项目六　设计方案中的细节创新与运用　2课时

项目七　设计方案中的结构创新与运用　2课时

重　点： 1. 服装系列效果图表达。

2. 服装色彩设计。

3. 图案创新与运用。

难　点： 1. 面料的创新应用与再造。

2. 针对主题从流行趋势中提取颜色。

3. 局部细节的创新。

4. 造型解构与重组。

设计是"用"和"美"融为一体的产物，是创造既实用又美观的生活造型的一切思想活动。设计工作是组织工作，需要将设计的各种要素统一在设计主体中，个体与个体的相互合作成为主体，再与环境影响相结合，反映时代审美。服装毕业设计综合实践主题的确立和设计元素的组织运用过程，是将创作元素选择性地通过联想、重组、物化等艺术手段进行融合创新的过程。创意的过程是让新鲜的事物变得熟悉，让熟悉的事物变得鲜活的过程。

项目一
设计方案中的效果图表达

设计方案中的效果图表达，是设计师对于设计作品最直观的一种表现和输出方式。服装效果图的表现形式是多样性的，通常说服装设计的第一要素是有新意，只有具有新意的设计才值得被期待。在当下的服装设计体系当中，效果图的形式包罗万象，可以使用素描的手法，也可以使用水彩的手法，过去很多同学会使用电脑PS软件进行绘制，而现在更多同学会使用iPad等设备来绘图。在这个快速发展的时代，确实有许多的表现形式，但无论何种表现形式都需要设计师的耐心探究，才能达到很好的效果。

任务一 效果图绘制的三个部分

绘制效果图分为三个部分，第一部分选择模特动态，第二部分绘制线稿，第三部分绘制效果图。在绘制效果图的三个部分中，模特动态的选择非常重要，设计师需要根据自己的设计主题选择合适的人物动态进行表达。常用的一些动态有正面、侧面、背面，姿势包括行走、跳动等。例如，有些同学在做毕业设计的时候选择运动休闲的主题，可以使用幅度较大的一些模特动态；有些同学可能会做一些雅致的设计，可以选择一些比较静态的模特动态，如图3-1所示。

选好模特动态之后，就可以绘制线稿了。线稿是设计师对于服装结构、创作意向的表达，通过细致的轮廓、廓型，展现设计师的服装设计表现功底。线稿可以使用铅笔绘制，也可以使用CDR、AI、PS等软件进行绘制，图3-2就是在iPad上完成的线稿。

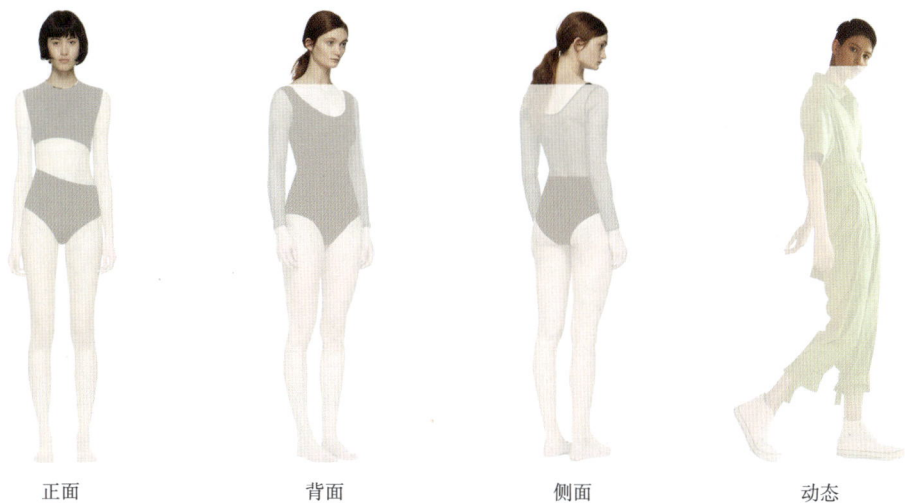

正面　　　　　　　　背面　　　　　　　　侧面　　　　　　　　动态

图 3-1

图 3-3 是以牛仔和针织为主面料绘制的一款设计效果图。图 3-4 是以皮革和薄纱为主面料绘制的一款设计效果图。图 3-5 是以皮草为主面料绘制的一款设计效果图。三款都是偏向未来+科技风格的设计，虽然采用的面料各异，但都很好地体现了着装形态和面料的肌理效果。效果图绘制上采用了现在年轻人比较喜欢的表现形式，绘制风格上偏虚幻和科技。

图 3-2

图 3-3

图 3-4

图 3-5

电脑绘制效果图需要具有较好的绘图软件操作基础，只有通过效果图表现技法才能快速地表达和传递设计意图。设计效果图一定是从无到有、从0到1的一个过程，从一个简单线稿的勾线开始，再到最后的成品效果的表现。设计方案中的效果图绘制可以分为以下八个步骤。

步骤一：绘制线稿图、确定人体与服装、服装与服装之间的结构关系，并把这些服装结构之间的关系组合起来形成线稿。通过电脑软件调整线稿，让比较凌乱的线稿通过软件编辑处理变得干净整洁，还可以调整绘图中的比例关系，让效果图的时尚感更强。接下来绘制模特的头、手、脚，一个好的头、手、脚会给效果图增添色彩（图3-6）。

步骤二：铺大色块为整个服装奠定一个基调和色彩的总体感觉，并确认整套服装的颜色搭配组合方式（图3-7）。

步骤三：添加设计主题相关的图案跟元素，可以让效果图看起来更加契合主题，同时让设计师在绘图的过程产生触动感和情境感。添加完设计主题相关的元素后，还可以适当地加入一些肌理效果，为后期可能的面料肌理改造建立基础，增强效果图的表现力（图3-8）。

步骤四：深入绘制服装的设计元素，如刺绣效果、印花效果、图案样式等都可以在这个步骤进行绘制。接下来调整服装肌理的表达，步骤三中表达不够出彩或不够出色的肌理效果都可以通过这一步骤完善（图3-9）。

高清图片

高清图片

高清图片

图3-6　　　　　　　　图3-7　　　　　　　　图3-8

步骤五：完成图案肌理后上第一遍阴影，这是服装设计效果图表现的重要环节。很多设计师在上阴影时容易出现画面颜色过深或者显脏，可能是直接用PS工具栏的加深或者减淡工具绘制导致的。正确的方法应该先吸取服装本身的固有颜色绘制阴影的铺底效果，再使用PS的正片叠加工具绘制阴影，一般第一遍阴影颜色不要过深并且需要适当调整透明度（图3-10）。

步骤六：加入第二遍阴影，这有点类似画水彩画，阴影是从浅到深的一个过渡，第二遍的时候可以加入比较深的阴影，通过加入明暗对比度关系，在效果图的表达上，特别是色彩方面能够产生比较强的视觉冲击力（图3-11）。

步骤七：接下来加入一些服装的细节处理、辅料表现。无论是绘制羽绒服还是风衣，都可能出现很多的辅料，如扣子、拉链等。很多面料市场上会有一些比较精致的辅料，可以把这些辅料放入PS进行绘制，这样效果会更加完整。然后加入高光，高光是整个效果图绘制的点睛之笔，加入高光才能让画面更加灵动。线迹在服装工业缝制中经常出现，在服装上也自然会看到，服装效果图绘制中或多或少的线迹表达的存在是对服装效果图的深层次表达（图3-12）。

步骤八：该步骤是效果图绘制的收官之作，是效果图的调整阶段，也是一个反复试样的过程。通过前期铺色、加图案、加肌理，在这一步则需要对这些进行统筹、整理，并协调好相互之间的层次关系，达到最终的和谐统一。还可以在反复调整的过程中适当加入一些配饰、装饰，增加整个效果图的完整性和感染力（图3-13）。

高清图片

高清图片

高清图片

图3-9　　　　　　　　　图3-10　　　　　　　　　图3-11

高清图片

高清图片

图3-12　　　　　　　　　　图3-13

项目二
设计方案中的版面设计与调整

版面设计成就作品，好的版面设计可以在有限的页面内以最快速、最直接、最有效的方式传递设计作品的理念。版面设计是将版面的文字字体、图像、图形、线条、表格、色块等要素以视觉方式的艺术形式表现出来。"Less is more"是著名建筑师密斯·凡·德·罗（Ludwig Mies van der Rohe）说过的一句话，意思是"少即多"，即提倡简单、反对过度装饰的设计理念。简单的东西往往带给人们的是更多的享受，以最简单有力的设计方式传达设计师的设计表达与意图，好的设计方案版面可以看到一个完整的方案册的总体呈现。

任务一　设计方案中的版面设计

服装设计方案中的版面设计可以分为11个部分，如图3-14所示。一个好的封面是方案册的完美呈现，也是我们的第一视觉力。效果图是设计师对于设计作品的集中呈现点。接下来是灵感版、元素提取、色彩趋势与色彩提取。市场调研和数据分析是把调研结果运用到设计中，让作品更加市场化、更接地气。秀场趋势分析是分析秀场、研究当下的流行趋势并着力于一些流行元素的设计，设计更具未来趋势的产品。再之后是配件设计、分析。廓型拼贴、草图、试色和款式图的绘制。面料页包括主要的面辅料及面料改造试验等。以上这些组成一个完整的系列设计方案册。

①封面
②效果图
③灵感版
④元素提取
⑤色彩趋势/色彩提取
⑥市场调研/数据分析
⑦秀场趋势分析
⑧配饰设计/分析
⑨廓型拼贴+草图+试色
⑩款式图
⑪面料页（面料改造）

图3-14

服装设计方案册采用的排版纸张大小主要有两种，一种是A3大小纸张，另一种是蝴蝶装（图3-15）。很多年轻的设计师在以前做设计的时候更多使用的是A3纸。蝴蝶装是两张A3纸拼合在一起的效果，长840mm、宽297mm。蝴蝶装的效果比A3纸更加简洁、大气，视觉上更加有冲击力。

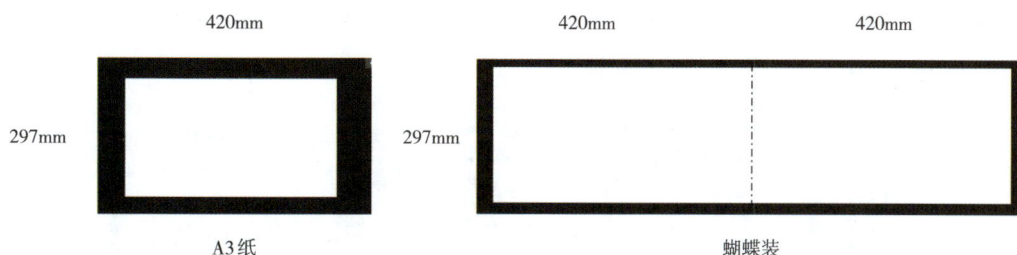

420mm

297mm

A3纸

420mm　　　420mm

297mm

蝴蝶装

图3-15

接下来是服装设计方案册的内容布局关系。如图3-16所示，从左到右第一张是一些简单的拼贴，第二张加入思维导图和图表内容，第三张加入一些手绘元素，从这些页面的排版中可以看到是由少到多的，把一些设计思考的内容加进去，用一些思考和思辨的方式来处理排版关系，让整个作品看起来形式更丰富。

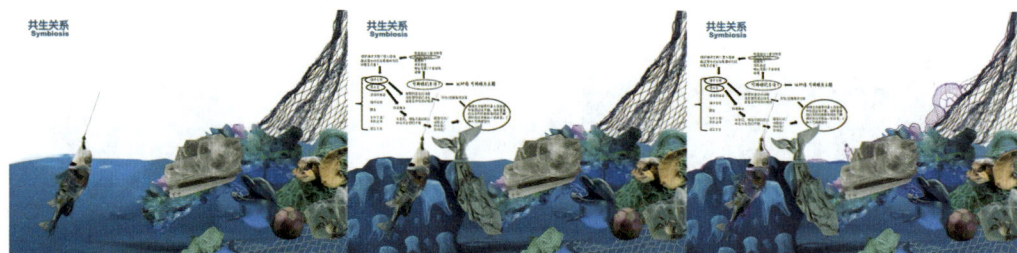

▶▶▶ 内容递进过程（学会深入思考）

图3-16

排版中经常会遇到一些不可避免的因素。首先，字体选择。字体作为一种语言符号在视觉媒体中直接影响版式的整体效果，它不仅提高了作品的诉求力，更赋予了版面审美价值。大家在选择字体的时候一定要根据作品的主题和风格进行使用和设计。例如，在处理一些运动风格的作品时，一般不会选偏柔美的字体来进行作品集的呈现，而应该选取一些偏运动感、偏硬朗的字体。其次，色彩基调的选取、配色。颜色会让人产生不同的联想和印象，有些颜色会让大家觉得非常温馨，有些颜色会让大家觉得很冷酷，有些颜色会让人觉得华丽，在色调选取和配色上要根据自己作品的设计风格和理念进行。最后，要根据自身版面的内容诉求进行排版。

案例分析：图3-17的方案册非常完整。颜色上主要是蓝、灰、黑，蓝色作为点缀色，黑色是主体色，效果图也是以蓝灰色作为基调来延伸的。有时候在画完效果图之后可以根据效果图形式和法则进行前面颜色的铺垫和排版。该作品的名称是"勇敢女孩"，可以通过这个案例的学习和思考，理解整体排版的关系。版面一定要完整，颜色只有三个，但视觉表现非常简洁有力，这也是"Less is more"的体现：往往最简单的东西，不一定是真的简单，这值得我们深入分析和探讨。

NAFA.署求奖第十五届中国国际皮草设计大赛

MYSELF

城市生活中自由的女性，做自己。

生活在城市里的女性上班族，她们要早起去挤地铁，面对工作中的压力，或者熬夜加班。生活中各种事就像碎片一样，慢慢的积累；
生活有时候也像曲折的路，需要将痛苦缝合；
或许她们也有属于自己独立而勇敢的一面。

SHE IS CHARMING GIRL

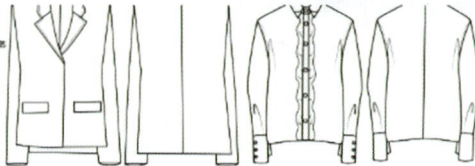

廓型

近年来皮草设计随着国际化轻化，在秀场上我们可以看到越来越多样化，想要打开女性形象与皮草结合，纯皮草成为妈审很期好的装饰品，成为当代女性形象上一条亮丽的风景线。

色彩

颜色�于女性上搭一张：（西装、衬衫、球带）印花色，印花蓝、黑色、白色为主，蓝色作为点缀。

工艺

在工艺上使用拼布的手法与皮草结合，通过皮草面料科技，一方面突显皮草的弹力，另自针球皮草剪切轮，同时加入手工豹纹，特色毛工艺。在亚麻打底用田调豹毛（长毛），短布织用水貂、海狸、翻包。

拼布与皮草结合

领带字母为刺绣工艺

后背上方得长毛，领边则则用

领子为编织工艺

裙子上、缝合线则边

LOOK 1：

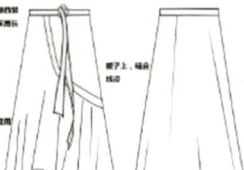

长毛毛贴布
长毛倒锋绒毛
短毛海狸/海狸
皮草分割车纹
皮草拼西家豹纹拼布、毛皮拼
短毛、海狸
白色线迹为手工草纹

图 3-17

图3-18中，左边是三等分排版，其在整体布局上是四平八稳的一个效果，平均且比较稳固；右边是"下方排版"，它将灵感版或者元素版的图片都放在了A3纸张的下方，版面看起来比较沉。这两个排版都属于比较稳的排版形式，不容易出错，容易让人产生共鸣，也是目前包括一些杂志印刷在内比较常见的排版方式。

图3-19是偏正方形排版和斜对角排版。两张构图都是以"点线面"的形式呈现。左

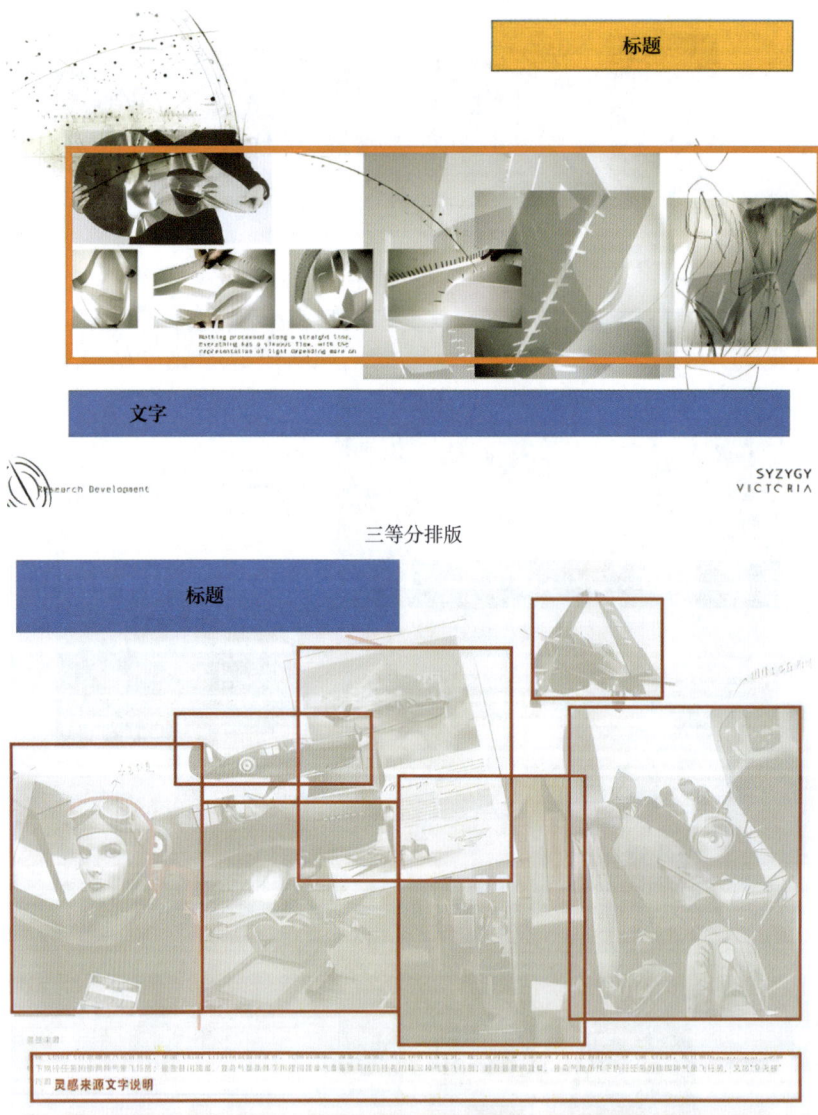

三等分排版

下方排版

图3-18

边是偏正方形排版，它把图片小的一些元素都放在纸张的左半部分，进行抽象表达，让人有偏正方形的感觉，文字则放在右下角。右边是斜对角排版，它的构图总体有点偏三角形，因为三角形是最稳定的一种排版效果，也是多元化排版的一种形式。以上是当下常用且流行的四种排版方式。

蝴蝶装排版的效果整体布局非常宏大，给人的视野冲击力非常强（图3-20）。在方案设计中，版面设计需要花很多的心思并进行一定的风格调研，包括小标题的处理、文字的处理和使用。

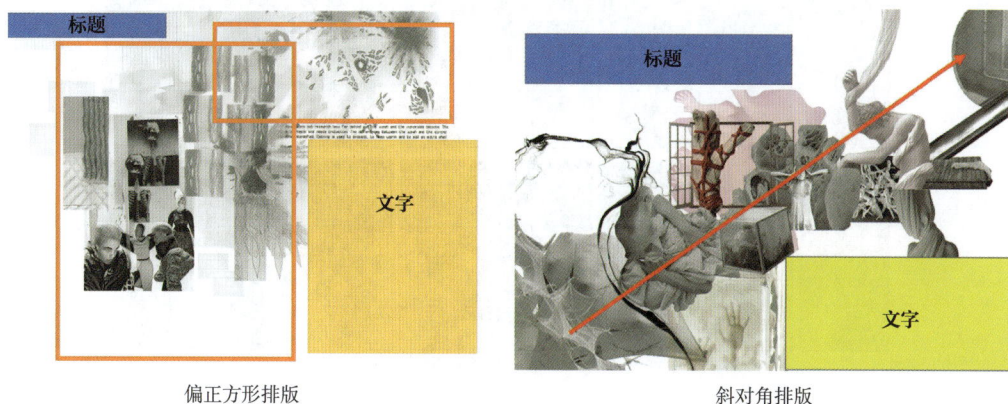

偏正方形排版　　　　　　　　　　　　　斜对角排版

图3-19

图3-20

任务三　创意版面设计参考

一、廓型元素排版

图3-21是廓型元素的一种排版，设计师设计版面时，利用一些秀场的廓型，通过一些AI的手法进行应用处理，效果非常有创意。

TREND ANALYSIS
ONE

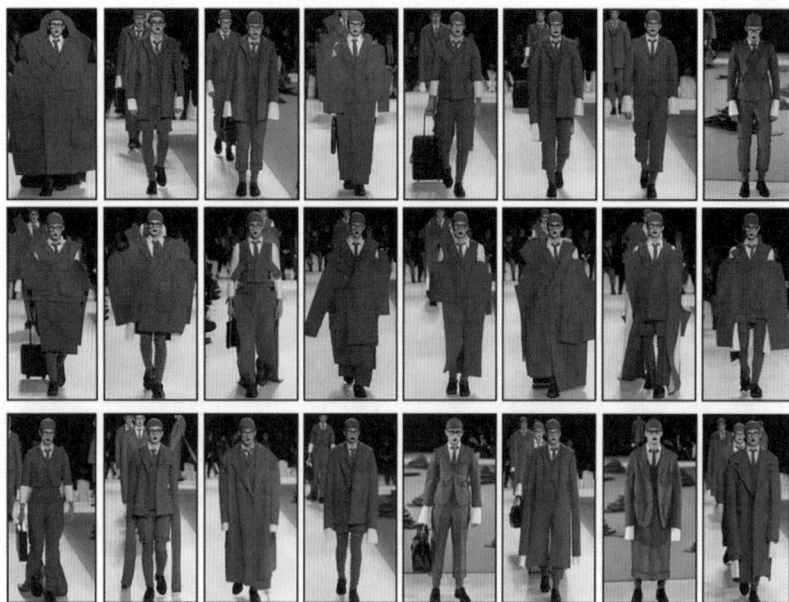

ENDLESS
无 极

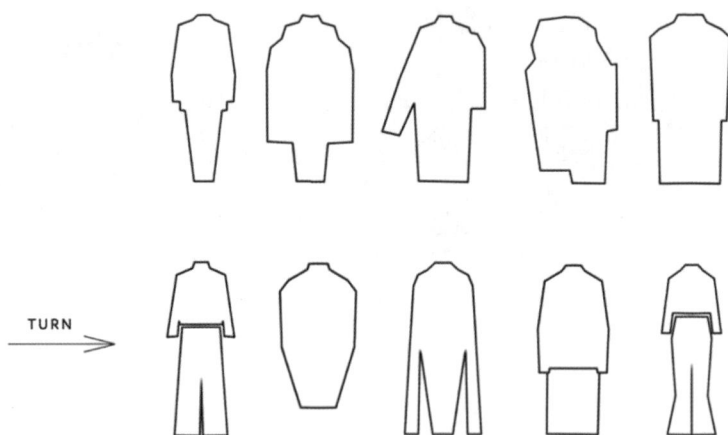

TURN →

TWO

图 3-21

二、手绘元素排版

图3-22是手绘元素的排版,即把手绘效果加入排版,这种多元丰富的版面效果是服装设计感性设计思维的体现,加入一些手绘元素能让读者或者观者产生心灵的沟通和共鸣,也容易让彼此产生共通的审美上以及情感的寄托。

图3-22

三、多元化排版方式

多元化排版可考虑加入水彩、透明胶等表现形式以丰富整个排版的多样性。一般设计师在进行排版的时候可能更多的是通过PS处理中复制、粘贴、排列、分割等手法把排版处理得比较精致。如图3-23所示,整个系列看起来比较有手作的感觉,加入一些异性材料,如报纸、透明胶,甚至塑料,可以让整个作品看起来更加多元化,更加亲切。

在版面设计中也需注意一些问题。例如,一个黑白系列的设计方案不能在后期排版时突然来一页很突兀的彩色页面设计,这样版面会显得不太和谐;若设计了一个偏亮色的排版,中间突然来两张黑白色的排版页面,也会显得不合时宜。排版的规则、规律、细节处理的多元化上需要有更多的思考,并符合服装设计表现和审美特点及心理特征。

图 3-23

项目三
设计方案中的面料创新与运用

设计需要通过面料的组合表现视觉效果。服装设计过程中，选择和使用哪些设计要素并没有一定的规定，设计师的灵感来源有很多，但由材料的对比对材料属性进行改变和再造是服装设计师们惯用的手法，如粗犷与细腻、硬挺与柔软、沉稳与飘逸、平展与褶皱等。通过双方的对比，使各自的个性特征更加突出。肌理是服装材料再造后物体质感的表面特征，是服装具有表现力的造型要素，更重要的是其作为一种视觉元素在设计的表面与空间结构中发挥着独立的作用，利用材料肌理构成服装造型的意义重大。

任务一　面料再造的手法

通常肌理有平面性的视觉肌理和有起伏变化的触觉肌理。视觉肌理主要满足视觉上的功能，产生的手段是多样化的，以服装材料本身的塑造满足视觉上的效果是常用的肌理形式。触觉肌理不但要产生视觉上的效果，还要通过必要的材料属性再造，在形态的表面产生可触摸到的感觉。前者是材料本身的肌理表现，后者是材料再造处理后的表现，体现的视觉效果更为丰富。

　　破坏是将服装材料经过各种技术处理，在保持原材料特点的基础上对织物的经纬和非织物材质以抽、撕、磨、烧、织、裂痕、拉扯、镂空、切割、挖空、填充等手法进行再造处理，改变材料原有的属性，丰富材料的表现形式，突出材料肌理。破坏的目的是更好地组织。图3-24是广东职业技术学院2021届服装与服饰设计专业学生詹翠玲、刘付家富的毕业设计作品。

图3-24

任务二　面料的破坏与重组的表现形式

　　破坏的手法常用于一些创意性强的个性化时尚设计，如街头时尚、牛仔风格服装等。从破坏到再组织，使现有的材料在肌理、形式或质感上都发生较大的甚至是质的变化，从而使面料的外观创新构成一个完整的概念体，结合色彩、材质、空间、光影等因素改变面料性能，增强视觉效果，拓宽服装材料的使用范围与设计空间，如图3-25所示。

　　组织是对破坏的服装材料以同一元素为单位，或不同元素多元为特征，经不同规律和秩序重组进行位移、拼接、克隆，把这些相同或不相同的元素单体、综合体组合，产生丰富的形态，创造出新的单元循环。

图3-25

一、相同元素单元组织

同一形态、同一色彩、同一肌理产生规律和近似变化。图3-26是广东职业技术学院2020届服装与服饰设计专业学生刘昱希的毕业设计作品"土星归来"，系列设计采用统一的材质和同一设计元素"镂空的圆"，进行大小、位置、造型的变化设计，并产生了非常不错的韵律变化效果，规避了面料材质的单一。

图3-26

二、相同元素多元组织

多个相同元素不同疏密、不同面积，粗糙、凹凸、光滑、透明，产生不同视觉效果，形成丰富对比。图3-27是广东职业技术学院2020届服装与服饰设计专业学生尹珂瑶、卢建屹的毕业设计作品"方圆几里"，围绕几何形状进行不同色块、不同肌理的组合设计，以服装材料工艺在人体上进行各种款式造型的变化设计。

图3-27

三、元素空间层次组织

以单体元素的层次组合形成面，再以面的多层次延伸组合形成空间，产生虚实对比，起伏呼应。图3-28是广东职业技术学院2020届服装与服饰设计专业学生陈晓清、潘凤结的毕业设计作品"幸"。该系列设计以橘色为主色，采用皮革进行编织设计，不同的编织手法和造型不一的编织局部作用在不同的服装局部。

图3-28

一、作为物质材料的视觉意义存在

材料的创新运用能提升服装本身的视觉表现力。图3-29是广东职业技术学院2021届服装与服饰设计专业李文婷的毕业设计作品"归·木兰辞"，该系列采用几乎全红色调，服装的款式也并不复杂，皮质肌理的多种创新改造，改变了服装的视觉触感，很好地丰富了画面，也让服装变得富有层次。

二、塑造某种肌理附着在服装形态的表面为服装形态服务

创新材料的运用，使材料肌理成为主要表现形式，成为一种装饰手段。图3-30是广东职业技术学院2021届服装设计与工艺专业学生谢粤、莫小婷的毕业设计作品"璃"，该设计本身廓型并不复杂，颜色低沉，整体略显单调。但设计师巧妙地用塑料材质的色块进行拼接，黑色粗犷的布底与局部光洁、色彩丰富的色块产生对比，作品一下子就变得生动又富有时尚气质。色块的曲线分割也与服装款式的直线廓型和结构分割形成对比调和。材质的创新运用成了作品设计的主要创新表现形式。

图3-29　　　　　　　　　　　　　　　　　　图3-30

三、用肌理的形式构成造型主体

图3-31是广东职业技术学院2021届服装与服饰设计专业易婉诗的毕业设计作品"檐"。灵感来自江南水乡的房屋上一排排的瓦片，层层叠叠的牛仔做旧，深浅不一的搭配，不经意间塑造了江南水乡的意境和水墨韵味。

图3-32是广东职业技术学院2019届服装与服饰设计专业学生赵展的毕业设计作品"水中罗布泊"。设计灵感来自罗布泊的大漠风沙印象，利用风沙的颜色和男性的狂野来塑造服装，采用粗针毛线、皮革、羊毛毡等工艺来表现设计，塑造了东方男性的阳刚之美。

图 3-31

图 3-32

项目四
设计方案中的色彩创新与运用

任务一　服装色彩设计

　　服装色彩是服装设计中一项极其重要的组成部分，与其他艺术形式相比，服装的色彩是在款式和面料之外能够给人们留下第一印象的重要因素。色彩作为最快作用于人类生理感受的服装元素，首先闯入人们视线，之后才是服装的款式结构、面料质感和工艺制作等。色彩能够直观地反映人类情感，如在中国传统观念中，喜庆的婚宴会使用大量的红色，而悲伤的葬礼会选用黑色与白色来寄托哀思。所以，服装色彩必然与社会文化有着内在联系，服装色彩的审美与整个社会的审美意识相互影响。科学研究指出，人对色彩的敏感度远远超过对形状的敏感度，因此色彩在服装设计中的地位是至关重要的。服装设计注重色彩的感觉，如象征、冷暖、轻重等，同时相同的色彩作用于不同材质的面料上，也会产生不同的视觉效果。

　　通过研究影响服装色彩的各因素，设计师们把色彩在绘画艺术中的表现融合到服装设计中，从色彩影响因素与消费心理的共鸣点入手创作出被不同人群认同的作品。图3-33是广东职业技术学院2022届服装与服饰设计专业毕业生何坚美、饶玉婷的作品"雾源"，灵感来自对大气污染的思考，采用银色面料让作品呈现科技未来感和冷酷思索的意境，呼应主题。图3-34是广东职业技术学院2022届服装与服饰设计专业毕业生刘佳惠、高凯楠的作品"睡衣革命"，灵感来自对家居服装趣味性、生活化的思考，作品以浅粉色为主色调，增加了温馨感和亲和力。

"雾源"毕业设计
案例

图3-33 　　　　　　　　　　　　　　　　　　　　　图3-34

一、同类色搭配

同类色与近似色的搭配给人以柔和、淡雅的视觉印象（图3-35）。这种配色方案是配色分类中最易把握，也是最不容易犯错的一种。同类色配色法在服装上运用得较为广泛。同时，可以通过改变色彩的明暗深浅（图3-36）、使用同一色调调和等方式设置不同的色彩搭配，如朱红与紫红、深绿与浅绿、褐色与驼色等（图3-37）。但此类色彩搭配若在明度与层次的处理上不恰当，很容易造成单调的感觉。

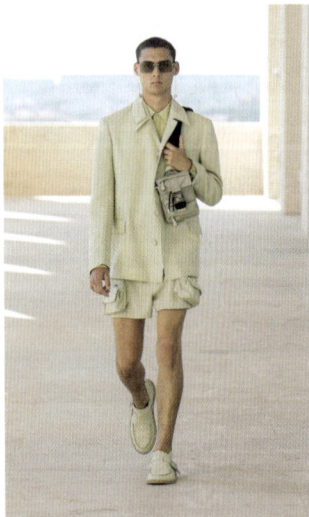

图3-35 　　　　　　　　　　图3-36 　　　　　　　　　　图3-37

二、近似色搭配

与同类色配色相比较，近似色的配色更容易搭配出丰富的色彩节奏（图3-38～图3-40）。由于近似色配色能够避免同类色的平淡单调，因此在服装上运用的范围比同类色配色更为广泛。例如，橙色和红色或者黄色和绿色的搭配，给人的感觉是相对协调、统一。

三、对比色与互补色

对比色和互补色的配色方案呈现出亮丽、明快的色彩风格，其对比效果通常较为强烈，可用于舞台装、童装、运动装等服装类型的配色设计。需要注意的是，在大面积使用对比色配色时（图3-41），应该在色彩的纯度和明度上相对降低一些；小面积使用时（图3-42），色彩的纯度和明度则可以相对高一些。同时，在大面积使用对比色时，为了降低色彩的对比度，可以利用无彩色进行协调，如图3-43所示。

图3-38

图3-39

图3-40

图3-41

图3-42

图3-43

服装色彩的提取主要有两种方式：一是从自然景观、微观世界、宏观世界、社会生活的各种物质以及艺术创作的作品中直接提取；二是从流行趋势中间接提取。服装系列设计中色彩提取的关键是一双善于发现的眼睛，基础是流行时尚知识的积累。

一、直接提取

图3-44是一幅水彩作品（小红书"大哭猫"），夏日阳光下的故宫透露出一丝丝时尚的味道和特殊的新意。仔细分析画作中的颜色，主色是红、黄、黑，蓝和绿作为点缀色，再进一步分析每张画中红、黄、蓝、绿、黑之间的比例关系，基本是一致的，左上角是笔者根据其画作进行的色彩提取。画家、艺术家虽然不从事设计，但他们往往有着深厚的艺术修养和审美能力，借助他们的眼光再通过设计师的分析提炼，可以获得新的色彩组合形式。直接提取色彩的途径有很多，关键是需要有一双发现美、发现特点、发现不同之处的眼睛，同时还需要利用服装色彩的专业知识进行分析、分解和提取，并合理地把它运用到服装创意设计中。

图3-44

二、间接提取

从流行趋势中提取服装色彩是间接提取的过程，也是目前最常用的色彩提取方式。流行趋势网站上的趋势信息非常繁杂，可以依产品的品类分为内衣趋势、泳装趋势、运动装趋势、针织趋势、职业装趋势、礼服趋势、男装趋势、女装趋势；也可依年龄段分为童装趋势、少女趋势、女装趋势；还可依地域分为欧洲趋势、南美趋势、亚洲趋势等。一般每个季度会发布不同的几大主题，每个主题下又分为不同小主题，且还会根据不同品牌进一步区分。

趋势网站在竭尽所能地将趋势的预测做到精细和精准，但面对如此多的趋势资料，如何才能让自己的设计工作更加有效？从趋势网站中进行流行色提取的关键在于务必针对自己的设计来进行，包括自己设计的主题方向、风格内涵、定位区间和目标群体，以及设计目标的精准清晰界定，并进行合适的取舍，不可盲目照搬。另外，对于流行趋势解读能力的培养需要一定时间的观察积累和分析探索，才能做到有的放矢。流行色的提取还需要针对系列设计构想中的设计元素，如图案、结构、肌理等要素进行综合研判，并把作品构想期待呈现的状态综合考虑进去，才能更快更精准地从流行趋势中提取合适的色彩，完善我们的作品设计。

三、流行趋势色彩提取应用

如何对流行色进行应用，以图3-45这组设计为例，它的主题为"不夜长安"，设计师希望将中国传统服饰结构和廓型特点提取保留并尽可能融入现代元素。俗话说"万绿丛中一点红"，这是基础的色彩搭配知识，一般来讲是9：1，绿色为主基调，红橙色作为点缀。为了凸显时尚，整个系列设计主要采用风衣面料，并且局部运用绗缝的肌理效果以突出流行质感，但这样整个作品就更偏向了运动风格，背离了设计师定位的时尚休闲基调下的国风主题。图3-45右边一组是设计师通过趋势资料分析和国风色彩提取重新进行的色彩组合设计，通过效果图可以看到这组图更符合设计定位和目标。因此，在色彩提取运用中还需要综合材料肌理、风格定位进行考虑，才能达到较好的预期效果。

图3-45

项目五
设计方案中的图案创新与运用

优美的图案可以成为某些服饰设计的点睛之笔，而完美的配色可把陈旧的图案变成新潮的纹样。图案作为典型的符号语言对于服装的风格走向、文化内涵和价值认同有着极其重要的影响。

任务一 **图案与流行色**

图案的形式和内容必须与流行色彩紧密结合，只有运用时尚流行因素才能使设计的图案被消费者喜爱和接受（图3-46）。由于图形是一种以符号形象为核心的说明性语言，其目的是向别人阐释设计作品中的某种观念或内容，所以往往能准确地表达设计意图，在交流过程中非常人性化，直接影响着人们的思想、情绪和精神风貌。

作为一种符号形象，用特定的线条和色彩来表达主题显得尤为重要。不仅仅色彩的比例与面积在单个图案中至关重要，图案整体与服装整体的面积大小也直接影响到一件服装的完整性，以及带给观者的情绪感受（图3-47）。服装色彩与面积比例搭配的关键除了对色彩构成的基本特性、配置规律和色彩美感的把握外，控制色块大小比例异常重要，所谓"万绿丛中一点红"就是对色彩面积、比例控制的审美说明。首先，需要考虑整体色彩在面积和数列上的对比以及调和程度的比例关系（图3-48）；其次，要考虑整体色彩与局部色彩、局部色彩与局部色块之间在方向位置、排列方式和组合形式等方面比例关系的变化。

图3-46

图3-47

图3-48

一、同一图案元素的单一形态变化

如图3-49所示，两款设计都采用千鸟格元素。左边利用千鸟格的图形特点，通过裂痕的效果对千鸟格纹样进行切割，产生了比较自然生动的形态。右边利用平面图形进行立体化视效处理，如PS里的液化处理让整个原本呆板缺少生气的千鸟格图形产生了波动自然的立体化视错效果。这两种都是单一的图案元素进行的单一构成手法处理达到的多样变化。

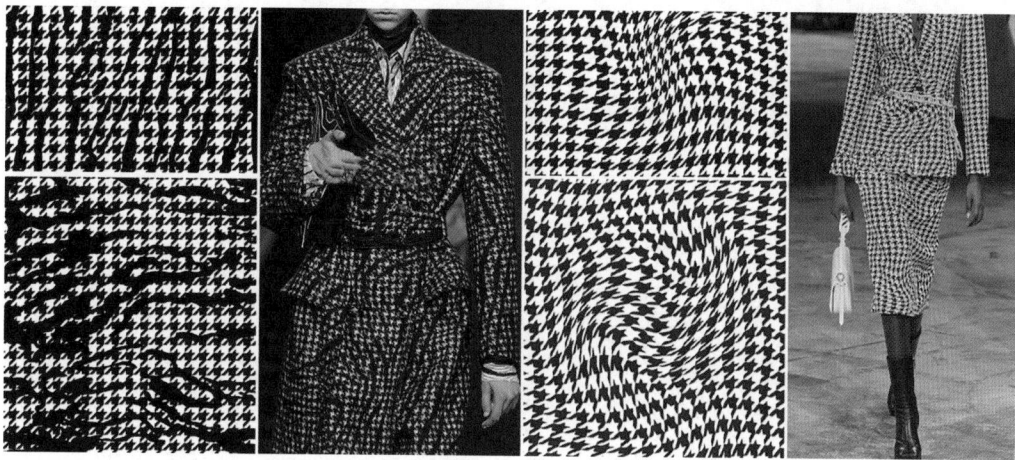

图3-49

二、同一图案元素单元本身变化

同一图案元素中对构成单元本身进行变化再进行组合。如图3-50所示，两组设计分别对千鸟格这种构成图案的格纹单元本身进行了造型变异处理。有的替换了中间的颜色，有的改变了图案本身的结构，还有的在进行了渐变和模糊的效果处理之后再进行组合。这些都是围绕构成图案的单元本身做变化，形成新的图案效果。

三、同一图案元素的复合变化

图3-51两款都是采用同一种图案元素进行的复合形态的构成组合变化，这里所谓的复合就是在基本单元之外加入其他不同的元素。左边是在千鸟格的格纹里加入字母元素，然后在负图形的区域用密集的点进行处理，形成一个全新的复合形态。右边同样是千鸟格，只不过将千鸟格改变方向、大小、排列的方式并在此基础上加入新的花卉图案元素形成了一个全新的图案样式。在进行图案的复合形态处理时，有时是为了推陈出新，有时是为了符合流行趋势，有时是为了彰显图案的文化内涵，这些都值得我们进行实践分析和设计创新。

图 3-50

图 3-51

项目六
设计方案中的细节创新与运用

　　细节是构成服装整体造型的重要组成部分，也是体现款式特点的重要部件。当服装基本板型确定后，细节的组织显得更为重要。设计师面对相同的服装基本型，往往由于细节的变化和组织方式的不同，产生多种可能的服装款式的变化。每年的流行时尚发布都会有相应的细节元素作为该季的流行支撑。在设计运用中，并非所有流行元素都要运用于款式设计，而是有选择性地将适合服装风格定位的元素进行合理地运用。如图3-52所示，以立体感极强的印花将服装装饰对服装视觉进行创意补充，即内外空间关系的互换补充。

图3-52

任务一　后背

如图3-53所示，这四组设计都是将服装的结构线进行变化，再加入一些其他的服装结构设计和局部来实现新的、别出心裁的创意效果。在这类细节的处理设计中，进行创新设计的位置和比例关系在这样的细节设计中显得非常关键。图3-54这组设计看似非常随性但实际操作中却非常不易，单一的材料、单一的元素、材质的疏密关系以及层次关系需要很高水平的平衡和控制技巧。

如图3-55所示，这组红色的礼服后背的处理，需要将着装者的体态特征、着装场合进行综合考量。细节、着装者、人

图3-53

体三者的关系也是我们进行细节设计的一个重要考虑角度。图3-56这两款服装的设计都是在考虑流行的基础上采用"聚集"的方法进行的后背设计，尽管具体表现形式上一个是"抽绳"，一个是"捆绑"，但方法一致，目标也接近。

图3-54   图3-55   图3-56

图3-57中这款大衣在正常结构上增加了一个背包，可以拆卸也可以直接成为服装的一部分，服装的部件结构可以丰富服装的语言，也可以成为服装功能性的考虑，它既可以拆卸也可以装上，所以我们在服装设计中可以把这种功能性也考虑进去。如图3-58所示，此两款是近年来比较流行的后背镂空的设计，不过在处理这种镂空时不能单纯地处理，需要注意镂空与服装整体之间的层次关系。

图3-57   图3-58

任务二　裤口

如图3-59所示，从左到右第一款是一个收口的设计，其既具有功能又兼顾流行；第二款是一个阔腿裤的设计，在脚踝的位置采用收褶"聚集"的方式产生堆叠效果，形成变化和设计；第三款在侧缝外露的基础上于脚踝处进行折叠，简单巧妙地达到错位效果。偶尔我们需要逆向思维，当款式比较简洁、设计略显单调时我们可以通过服装局部的一些细节设计结合流行进行巧妙处理，这往往可以让我们的设计增值。

图3-59

任务三　口袋

如图3-60所示，从左到右第一款是口袋的立体化处理+流行细节，通过这种处理方式让整条裤子的局部变得非常跳跃，同时在立体口袋上打绳带的这种近年流行的元素的加入也使整体变得有趣；第二款通过一个侧缝结构设计一个堆叠的流行效果；第三款是十分简单的一种细节处理方式，采用一颗颗的扣子在口袋的附近进行装饰设计，起到突出和强调局部的作用。

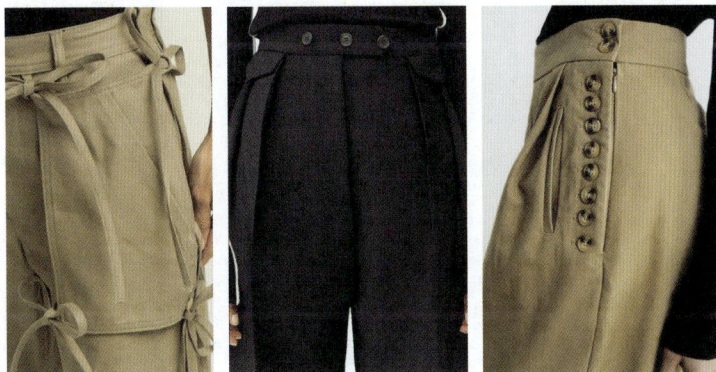

图3-60

总之，细节的设计形式多样，需要结合具体款式进行具体创意设计。细节设计不是越多越好，关键在于"巧"。

项目七
设计方案中的结构创新与运用

任务一　造型解构与重组

　　服装的解构是对人们习惯的服装款式构成要素进行打散与重组，即打破现有秩序，重新按照新的原则和表现方法，创造一种新秩序，如图3-61所示。解构的目的是重组，解构使很多看似不可能的造型因素，随着审美的变化变得可行和时尚。艺术家通过解构具象手段来进行创造，服装解构大师也在时尚领域对解构进行各种诠释，对当今的服装造型、服装结构等提供更多的思维空间和理论支撑。

　　对着装概念的解构是将服装视为既有实用性又具审美性；既可将服装作为商品，也可将服装作为艺术品来欣赏。如果作为艺术品，即审美性大于实用性，可将实用性与人体的穿戴关系不作为主要思考因素，而将时尚元素分解成任意的形状，突破构成服装款式的基本结构进行重组，以较为极端、夸张的造型手法改变和丰富人的视觉（图3-62、图3-63）。

图3-61

图3-62

图3-63

服装结构是构成服装造型的基础，通常以人体为标准，对面料开片、切割，组合成符合人体活动功能的款式和造型。而服装结构的解构以打破常规结构，或者完全不按传统服装的分割法进行裁片，略带随意性地组合在一起，形成在结构上的不同寻常，打破旧的秩序，再重新构建新的观点。对服装结构的解构，需要对整体结构有控制能力。

任务二　分割与比例

分割是将整体形态，按照不同的审美原则和不同的比例，将整体划分成各个不同的局部，局部与局部之间又相互联系，构成新的整体。分割的手法有利于打破固定的服装结构和传统的搭配规律，创造出新的视觉效果。

一、对结构线的分割

将原结构线进行打散、转移处理，利用省量变化和组合变化传达新的视觉效果，如图3-64所示。

图3-64

二、对造型部件的分割

主要对服装的衣片、领型、袖型、口袋进行分割，用不同手法和材料进行优化，用夸张手法表现部分部件，更加体现个性化，如图3-65所示。

三、对装饰线的分割

在原板样的基础上，利用直线、曲线、重叠等手法，对原整体裁片进行装饰性分割，强调装饰线的结构表现，此类手法常见于夹克、牛仔衣裤的装饰处理，如图3-66、图3-67所示。

图 3-65

图 3-66

图 3-67

四、服装造型与人体的比例

比例是指设计中整体与局部、局部与局部以及大小不同部位之间的相互配比关系。通过其面积、长短、轻重等质与量的差所产生的视觉关系处于相对突出和平衡状态时，即会产生协调的视觉效果。

服装是依附于人体比例而进行整体造型的直观视觉。上下、左右的造型比例，将关系到着装的视觉效果。

在一定空间主体上，比例上多一点、少一点、长一点、短一点都会影响人们对造型的整体感受，整体感强的服装总能赢得人们的喜好，整体是对造型大关系的把握，局部则是对整体造型的优化补充，需要注意的是要控制好整体与局部的主次关系。

任务三 变异与折中

服装设计离不开造型，自然也离不开传统的形式法则，如比例、平衡、对比、统一、协调等，而服装需要第三者的观察才有其完整的意义，它的审美在更大程度上是凭感觉而不是逻辑。

过分强调这些传统形式法则，有时会影响服装设计的创造性发挥。当今很多设计师打破这种设计规则，刻意制造复杂、激变、模糊不确定的效果（图3-68），变异的手法就是

"创造性地损坏"人们习以为常的东西，改变它的比例、尺寸、位置和形式，在设计领域中创造出新鲜的、令人捉摸不定和出其不意的审美效果。变异的手法通常用于创意装、街头装、嬉皮士和朋克的装束，多用于服装的领子、袖子、结构线等，通过局部夸张达到引人注目的效果（图3-69），折中是后现代艺术的重要特征之一，它吸纳和包容多种多样的文化现象，反映了服装设计师在创作过程中对历史与现代、中心与边缘等问题的思考和诠释，不含倾向性，是一种中性的表达。在服装上，折中主要表现在各种风格的综合、各种形式的综合、各种面料的综合、饰物与饰物的综合、紧身与宽松的综合等。

图3-68

图3-69

任务四　和谐与强调

　　当设计中的所有构成要素之间在质和量上均保持一种秩序和统一关系，相互之间形成和谐的搭配，获得统一的视觉效果时，就是和谐。在服装设计中，和谐主要指各个组成要素之间在形态上的统一和排列组合上的秩序感，而和谐的同时应强调设计意图。服装是立体的造型，需要满足各个角度和各个层面的视觉美感。因此，在服装的结构上如果缺乏一定的秩序感和统一性，将会影响应有的审美价值。

　　优秀的设计都会有一个强调中心，这个中心就是视觉的焦点，如果设计作品上所选择的强调点合适，可以使服装的其余部分增色不少，如图3-70所示。强调的手法很多，如外轮廓强调、局部强调、结构强调、材料肌理强调、色彩配搭强调等。强调的途径也有很多，如利用丰富的想象力对饰物或细节部件进行强调，如图3-71所示。又如前文谈到，在单色面料上设计部分引人注目的色彩，在机织面料上配搭一些综合材料如草、金属、塑料等，通过这些手法同样能够对和谐的造型做强调补充，吸引人们的视线（图3-72）。

图3-70

图3-71

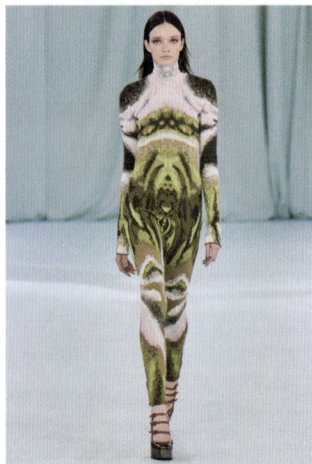

图3-72

任务五　互换与补充

　　互换是指构成服装造型部位和细节部位进行上下、左右、前后、倒顺等关系的互换。要素位置的相互连接或相互分离，相互对应或交叉对应，这种互换常用于领型、门襟、袋型等，带来更多简洁又新颖的感受，如图3-73所示。细节在服装上的使用部位往往是不固定的，需要根据服装风格和造型进行调整，通过互换可以感受细节在整体造型中的各个方向、各个部位的种种可能。互换可以改变人们习以为常的造型手法和细节部位，拓展人们的思维空间，如图3-74、图3-75所示。

图3-73

图3-74

图3-75

补充是在整体造型基础上通过加大、增多、拉长或相反的手法，对造型部位和细节的比例关系做视觉上的补充和对比变化调整，如纽扣数量、装饰细节多少、分割面积的比例关系等。值得注意的是，补充应避免一味地做加法。补充的同时应在做减法的基础上进行相应的补充，两者看似矛盾，却需要艺术修养和现代的审美意识，需要敏锐的眼光和细腻的心思才能把握两者之间的关系。

任务六　夸张与反复

夸张是运用其丰富的想象力来扩大事物本身的特征，在强化服装造型基础上使事物的形体特征、动势特征和情感特征得以突出显现，以增强其表达的视觉效果，夸张手法是服装设计常用的技巧，一方面它是物象特征的强化，另一方面它是情感表达和形式美感的强化。在服装设计中，借用夸张表现手法，可以取得服装造型的某些特殊的感觉和情趣，通常服装细节的夸张多在服装的功能细节和装饰细节上。对于夸张的运用应注意其艺术的分寸感，以恰到好处为宜，如图3-76所示。同一事物的多次重复或交替出现即为反复，如图3-77、图3-78所示。相同的形态以一定的间隔反复出现，形成一种基本而简单的节奏形式，也可以使肌理、方向、色彩、细节等相同的单一要素进行重复应用。

图3-76　　　　　　　　　图3-77　　　　　　　　　图3-78

此时如果改变形状、大小、间距、方向、色彩或肌理等诸多要素作变化的反复时，就形成了复杂的节奏形式。充分利用连续而有规律地反复运动和变化，造成不同的节奏形式，产生富有节奏的韵律感，都可产生良好的视觉效果。

1. 根据自己的设计系列效果图，进行色彩拼版练习，至少创新绘制4组以上色系组合。

2. 根据自己的设计系列效果图，深化图案设计。

3. 根据自己的设计系列效果图，深化细节设计。

课后拓展

扫二维码可见"肥胖症"毕业设计案例。

"肥胖症"毕业
设计案例

第 4 部分
服装毕业设计项目的实施与工艺

课前准备： 1. 预习阅读第4部分内容。

2. 调整设计方案，厘清自己系列设计中可能涉及的服装
工艺问题并进行归类、整理。

课时分配： 项目一　系列设计的实施与管控　4课时

项目二　服装印花工艺与应用　4课时

项目三　服装电脑绣花工艺与应用　2课时

项目四　服装洗水工艺与应用　2课时

项目五　植物染工艺与应用　4课时

项目六　3D打印工艺原理与应用　2课时

重　　点： 1. 款式与工艺分解。

2. 毕业设计实施的基本流程。

3. 服装印花的各种分类。

4. 电脑绣花分类及工艺。

5. 植物染色工艺及应用。

难　　点： 1. 服装3D打印工艺的创新与运用。

2. 服装面辅料工艺处理。

3. 设计中的牛仔处理工艺与创新。

4. 款式与工艺分解。

消费需求的快速提升及科学技术的不断进步，促使高级成衣、中高端品牌、设计师品牌都在不断地研究材料、工艺、结构的变化，创造各种服饰时尚的可能性。因此，从材料的组织、配搭、后处理、再造到服装结构的探索创新、板型的制作裁剪，再到缝制、缝合工艺的各方面创新与流程优化，都能给设计带来新的思维和新的表现手法。服装设计的最终效果是以成衣体现的，因此作为设计师在运用不同材料进行创作的时候，不仅要具备良好的艺术修养和造型基础能力，也应懂得如何使自己的设计构想通过结构和制作工艺达到设计的最佳效果。

项目一
系列设计的实施与管控

科技的发展使服装的工艺早已超出了传统的结构工艺和缝制工艺。通过技术手段的升级和创新运用发挥材料的性能，进而拓展应用空间并充实和完善设计构思。制订合理全面的设计实施方案是服装系列设计达到甚至超出预期的前提和保障，也是服装系列设计实施实现高效沟通、节约成本的重要途径。

任务一　毕业设计实施的基本流程

设计实现是将服装设计图转化为成衣作品的一个过程，从专业内容来讲，包括款式与工艺分解、结构设计与样板制作、坯布试样与调整、面辅料工艺处理、成衣制作、成衣搭配等步骤。服装知识与技能的掌握水平以及综合运用能力是系列服装作品高效、高质量完成的保障。

一、款式与工艺分解

服装设计款式一旦确定，不是直接打板，而是先将制作实物的款式图进行细化，对于一些特殊的设计细节及工艺要求进行说明，这也是购买面辅料数量的一个依据。设计工艺分解图主要包括款式的正背面款式图、局部细节放大图、特殊工艺说明、款式工艺细节等参考图、部位尺寸标注、面辅料的信息及实物小样等内容，如图4-1所示。

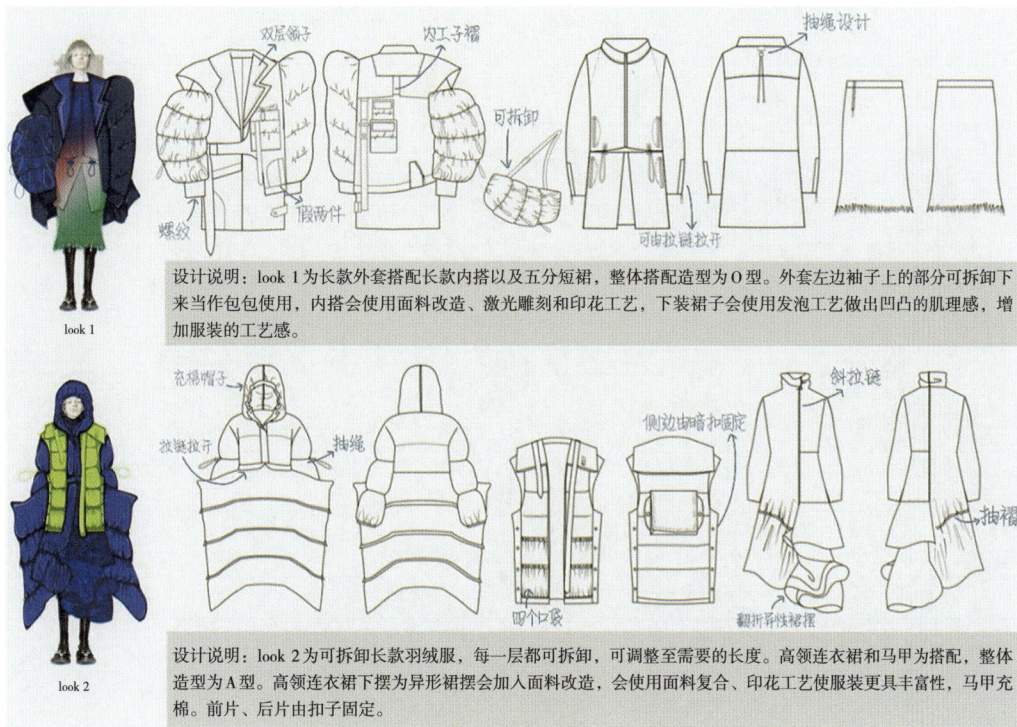

图 4-1

设计说明：look 1 为长款外套搭配长款内搭以及五分短裙，整体搭配造型为 O 型。外套左边袖子上的部分可拆卸下来当作包包使用，内搭会使用面料改造、激光雕刻和印花工艺，下装裙子会使用发泡工艺做出凹凸的肌理感，增加服装的工艺感。

设计说明：look 2 为可拆卸长款羽绒服，每一层都可拆卸，可调整至需要的长度。高领连衣裙和马甲为搭配，整体造型为 A 型。高领连衣裙下摆为异形裙摆会加入面料改造，会使用面料复合、印花工艺使服装更具丰富性，马甲充棉。前片、后片由扣子固定。

对设计细节和特殊工艺结构的说明，一般情况下可以对特殊部位进行放大描述，不同的工艺要求产生出来的服装效果是不同的。对于特殊的工艺要进行说明，如明线、珠边、包边、立体袋、绣花、印花、复合、编织等。即便是简单的缉线，若有特殊的粗细并属于设计创意的一部分都应该尽可能地进行标注和说明。图 4-2 是 2021 届毕业生黄雅诗毕业设计系列作品"化为乌有而为有"。

二、结构设计与样板制作

结构设计是服装裁剪、排料、画样技术的准备，根据服装的造型、款式、尺寸设计报告规格，以及原料质地性能和缝纫工艺要求，运用一定的裁剪图实现样板制作。服装工业生产中一般通过服装 CAD 软件制作样板，然后裁剪，通常把制作样板称为打样板。服装样板有净样板和毛样板两种，毛样板用作裁剪、排料画样等，净样板用作裁剪或在缝纫工艺中作为标准，如图 4-3 所示。

在进行款式制图的过程中，一般先制作 1：5 结构图，再制作 1：1 的实样板。若有一定经验，也可以直接制作 1：1 实样。制作样板时，要求尺寸准确，规格齐全，相关部位轮廓线准确吻合。样板上应标明服装款号、部位、规格及质量要求，且一些很小的部件都要求打板出来，以便修改时进行对比。另外，有些样板可以通过立体裁剪和平面制图相结

前短后长设计

纽扣固定

圆环

该衣片为单独的一片

侧边隐形拉链

采用较柔软面料

用钩扣扣合

省

图 4-2

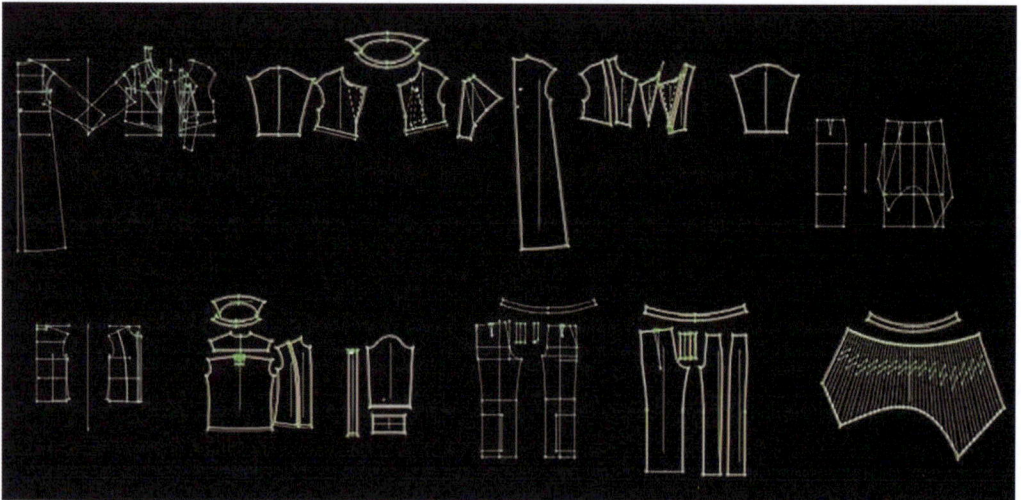

图 4-3

合的方法制作。在打板时，还要考虑面料的质地和厚度，面料是否有弹性（如羊毛、针织面料），另外成衣水洗需要在打板的时候考虑样板放松量等。

三、坯布试样与调整

坯样造型是在不考虑面料、色彩等设计要素的情况下，单纯从造型角度进行设计的方法。它是样衣实现的前奏，能直观地看到造型效果，在这一过程中，不仅可以弥补设计效果图时没有预计到的效果，还能通过增加或减少元素或改变造型的方法进行二次设计，以达到更理想的创意效果。

服装造型主要有外轮廓的造型和内部细节的造型。在做坯样造型时，一定要先对服装的外轮廓有很好的把握，细部的造型也要尽可能在胚样阶段进行完善，局部需要通过抽褶、扎缝、填充等方式使平面结构转换成立体造型的也尽可能在此阶段试做完成。毕业设计作品在结构和工艺上的创新性都比较大，为避免失误，减少时间和制作成本，一般先用白坯布试做样衣。白坯布样衣制作完成后，主要从板型、工艺、设计细节方面进行修正。虽然白坯布制作的样衣有其局限性，但可以看出款式造型的美观性以及样板的不足之处。如图4-4所示，可看出此款在内搭衬衣的领型设计、外套的领型设计、下摆长度调整及袖子的长度调整、口袋的结构设计和位置等多处都需要就行修正调整。

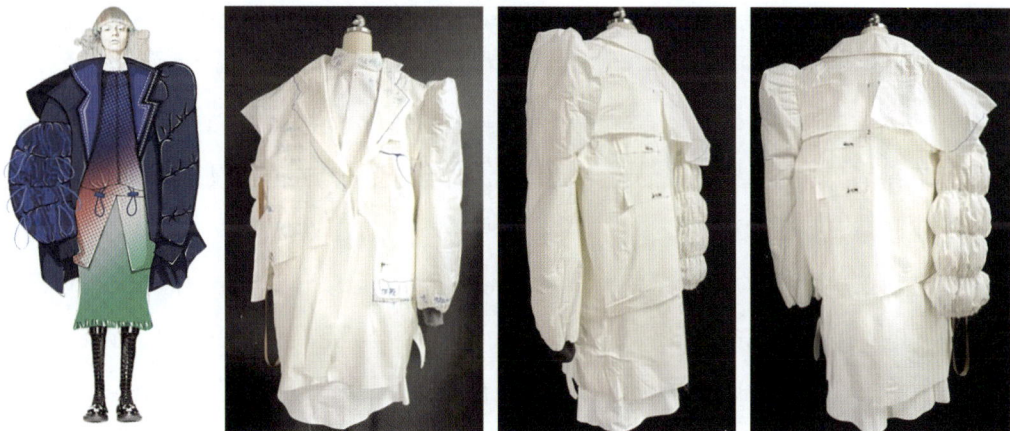

图4-4

另外，也可以利用服装3D虚拟仿真设计来进行样衣的修正及调整，利用这种方式能够更加直观有效地检测设计是否符合预期，还可减少时间、节约成本。图4-5是广东职业技术学院服装学院2021届学生系列设计作品的3D虚拟效果。

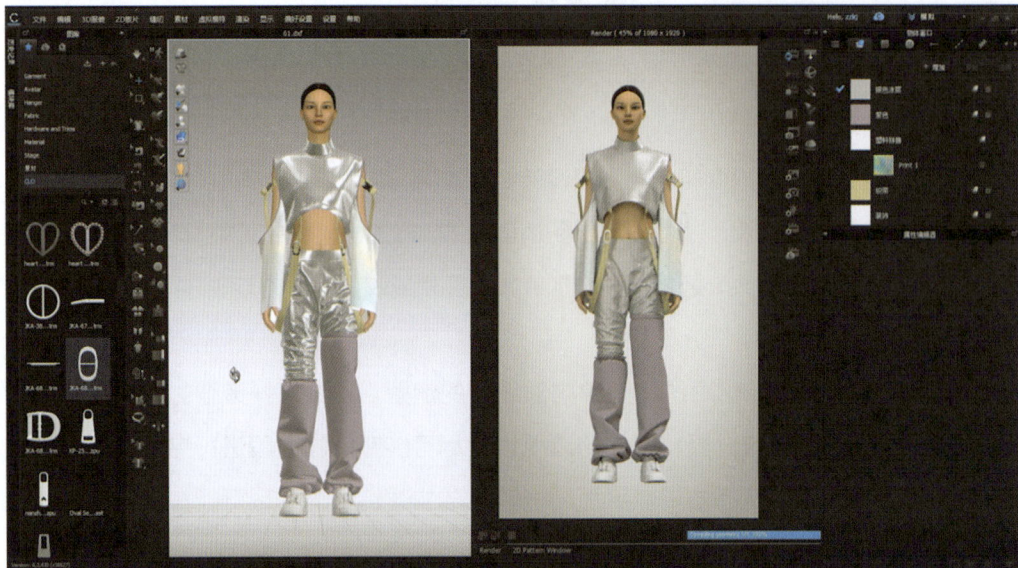

图4-5

四、面辅料工艺处理

异次元、元宇宙等相关概念和时尚流行主题充斥社会当下，个性化、时尚化服饰需求早已不只是青年群体的话题，其已成为全民的时尚诉求。尤其是在原创服装设计中为求得设计的独创或突破，面料的一般性组合搭配早已不能满足时尚创意设计的需求，服装材料的二次设计和功能化设计成为年轻设计师创新设计的重要手段。通过综合运用手工技艺和面辅料加工制造技术对材料进行二次加工，是青年设计师和小众设计师品牌的惯用方法。图4-6是广东职业技术学院服装与服饰设计专业2019级学生黄美婷、曹莉的设计作品，该作品获得第27届中国时装设计新人优秀奖，利用了面料填充绗缝以及激光雕刻、喷色等多种工艺进行面料二次设计。

面辅料二次设计的方法有很多，从实现形式上大致可以分为手工改造和机器设备改造。常见的手工改造方法有手绣、钉珠、编织、钩针、羊毛毡、绗缝、压褶、烧花、打缆等；通过机器设备来实现的常见改造工艺有复合、洗水、激光切割、激光烧花、洗水、压印、机绣等。目前3D打印越来越多地运用到服装创意设计中。另外，还有以图案的形式去实现的常用工艺，如植物染、印花、绣花、烫画等。各种工艺的创新运用往往成为设计师创意设计的重要途径，仔细分析各大顶级时尚品牌的新品发布除了每一季度的主题和搭配形式上的创新，更多的是在服装的结构设计和材料工艺及运用上的创新。综合多种工艺的特点进行的再设计，要求设计师尽可能多地了解和掌握一些常用的面辅料工艺知识和原理。图4-7、图4-8是图4-6系列款式的面料工艺实验过程及实施过程。

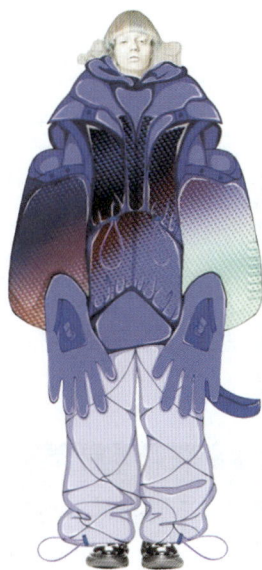

图 4-6

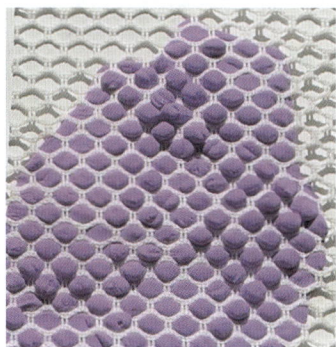

超轻黏土实验

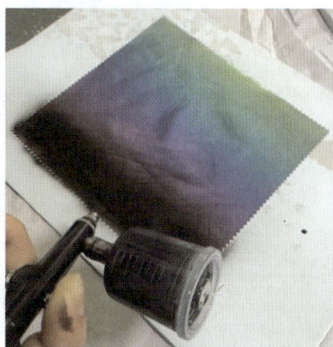

喷射实验

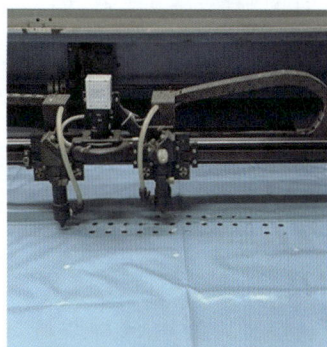

激光雕刻

图 4-7

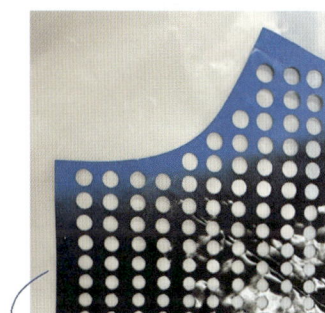

在布料上激光雕刻出肌理

做渐变喷色

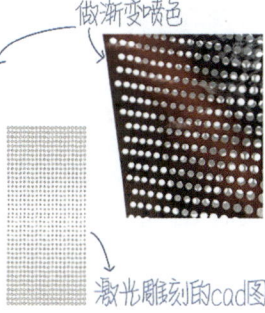

激光雕刻的cad图

在网格上做出立体纹理

渐变喷色

图 4-8

五、成衣制作

成衣制作是从裁剪、缝制、整烫到成衣检验的全过程。成衣制作面料的选择可以在效果图完成后进行，但考虑制板、坯布试样以及可能需要进行的面辅料二次设计等因素，为了更加精准地计算用量，避免浪费，一般建议在完成面料工艺改造实验以及坯布造型试样之后再进行面料采购，并适当预留可能需要进行设计调整所需的面辅料用量。为了快速高效地进行成衣制作，一般还需要制订面辅料清单和缝制流程图。图4-9是广东职业技术学院服装学院2021届学生周坤敏、李紫贤毕业设计系列"留白岁月"的成衣展示效果。

图4-9

六、成衣搭配

很多人会忽视成衣搭配这一步骤，但这却是设计实现样板制作非常关键的步骤，从搭配的角度来看是实施最初的设计理念重要步骤，是设计的再创造。好的搭配能让毕业设计作品扬长避短，是实现作品理念和作品表现力的升华和再造。图4-10是广东职业技术学院服装学院2023届学生陈逸的毕业设计系列"牵线木偶"在广东大学生时装周的展示效果。作品后背的黑色人偶和白色的服装把牵线木偶其头部的"天线宝宝"头饰给系列设计的舞台效果增加了活泼、浪漫和想象的空间，两个纯色的手套挂在袖口和模特一起在舞台摆动，让作品增色不少。

图4-10

任务二 设计实施与组织

　　毕业设计实施需要事先准备好打板纸、打板工具、白坯布、面料、辅料（如纽扣、拉链、黏合衬、缝纫线）等缝制所需的所有物料以及进行面料二次设计改造实验和实施的各种物料，这样有利于设计工作有序地开展。在服装企业生产中，不管是制作样衣还是生产大货，如果物料不齐全，会耽误生产工人的制作进度，从而影响生产进程。因此，务必在成衣实施前统筹准备好服装板型及工艺制作的所有相关资料及物资。

　　工艺实现是服装设计变现为成衣的关键环节之一。工艺水平及效果的好坏直接影响着服装的外观及穿着，因此在制作的时候应该严格按照工艺的标准和要求来实施。创意服装的设计在工艺上要比成衣的制作要复杂，一般的成衣制作都会有基本的流程，而创意服装力求款式的创新设计，使得款式制作没有固定的框架。因此，在制作前对制作流程要进行一番设计，各个环节要尽量考虑周全，合理地安排好先后次序。例如，某个细节该用何种工艺方法去做，可能会有遇到哪些工艺及制作方面的问题等，都需要提前预判并及时做好相应的处置。有的款式需要先进行面料工艺处理后再缝合，而有的款式是先缝合再进行工艺处理，这些都需要根据具体款式具体分析并制订对应方案。如果没有事先设计和安排好，很可能会造成多次返工现象，浪费时间和材料。

一、减少浪费，降低成本

为尽量减少浪费，降低成本，应仔细地画出最为合理的排料图。在面辅料裁剪之前检查原材料有无疵点、染色色差及面料缩率，避免服装成为次品以及造成质量问题。面料检验后再进行裁剪，裁剪前要先根据样板绘制出排料图，完整、合理、节约是排料的基本原则。

缝制是服装加工的中心工序，服装的缝制可分为机器缝制和手工缝制两种。缝制时的要求、缝制方法，辅料及配件的使用方法，关于面料、色彩、对条对格的说明以及各种配色的用量等都要在制作前详细地写在工艺单中，另外熨烫要求也要明确注明。

二、遵循一般成衣制作的规则

在系列服装制作过程中也需要遵循一般成衣制作的规则。例如，边做边在模特身上试样，及时发现问题，及时修正调整。做完后再进行整体的试样，查找不足之处的原因并及时修改好，一般不足之处除了工艺制作的好坏，还包括在制作过程中出现的造型上与白坯布造型时的偏差。另外，要及时总结经验及教训，为下一款服装制作提供经验。

三、及时调整设计及工艺实现方案

在材料实验、工艺实施和服装制作的过程中难免会出现一些超出预期和意想不到的情况，但无论好还是坏都需要设计师及时做出改变并调整设计及工艺实施方案，如果没有好的处理办法应当及时请教指导老师或具有这类问题处理经验的设计师、板师及工艺师。例如，出现一些超出预期的更好的服装造型样式或工艺效果，可以考虑复制方法或者进行再拓展及时应用到系列的其他款式中，当然这也需要设计师具有敏锐的设计触觉和设计拓展能力。有些情况要比预期的效果更糟糕，"将错就错、变废为宝"也不是不可能的事情，遇到这种情况一定要多沟通、多请教，考虑充分之后大胆实施。

图4-11是广东职业技术学院服装学院服装与服饰设计专业2017届毕业生朱宗琪的作品"最好的我"。图4-12是作品原设计效果图，采用不同深浅的牛仔布进行"拼布"处理，然后局部手绣图案，但面料没达到预期，缝制完成后发现作品沉闷、无生气。在和指导老师充分沟通后，大胆采用多种洗水工艺进行处理后使作品焕然一新（图4-13）。该作品参加2017年福建省"海峡杯"工业设计（晋江）大赛获得时尚组铜奖。

图 4-11

最好的我

图 4-12

图 4-13

项目二
服装印花工艺与应用

　　印花从古代发展到今天，方式方法非常繁杂。无论是服装设计专业学生的毕业作品，还是流行趋势中的大牌产品发布，设计师在进行服装设计时除了对图案本身的构成形式及色彩进行设计构思，如何选择并运用合适的工艺去实现图案也非常重要。如图4-14所示，巧妙地将图案创作与工艺的创新进行结合，目前已经成为推动服装时尚流行的重要手段之一。因此，了解和掌握印花的分类和基本原理很有必要。

纺织品印花主要用于服装、服饰和家纺等，具有十分丰富的内涵和视觉效果。传统印花是指使染料或涂料等物料附着在织物上或渗透到纤维里，从而显色形成特定图案的过程。现代印花工艺一般使用染料、涂料附着在织物上形成图案，而金属粉、箔片、反光粉、油墨、硅胶等特殊物质也常用到；另外还有烂花、压花、激光照射等工艺。任何能够使织物形成特定图案的过程都称为"印花"。

图4-14

任务一　按印花工具分类

按印花工具可分为两大类（图4-15）。一类是应用最普遍的传统印花，主要包括平网印花、圆网印花和辊筒印花三种，其中平网印花和圆网印花都是通过筛网镂空的形式实现着色显花，所以又被称为筛网印花。另一类是目前发展迅猛的数码印花，其主要有数码转移印花和数码直喷印花两种。传统印花是应用最广的印花方式，具有批量化生产的成本和效率优势，但样板制作成本高、周期长、生产起订量需求大、不环保。数码印花具有打样成本低、速度快、起订量低、相对环保等特点，更加适应当下社会及消费者迅猛发展。

一、平网印花

平网印花是指在矩形的筛网上，按照印花图案封闭其非花纹部分的网孔，使印花色浆透过网孔印到织物上的一种印花方法（图4-16）。印花原理：花纹部位镂空穿孔，印花色浆通过镂空部分刮印到面料上。如图4-17所示，一个颜色一个网，按顺序上印，一般有匹印（布匹连续印花）和裁片印（服装裁片逐片印花）。平网印花应用广泛，成本相对较低，工厂一般要求裁片印花至少100件起订、匹印针织一条布或者机织100码。花型和图案受到颜色套数和花回大小限制，可连续印制，速度高。其中裁片印花印制灵活，可以控制对服装某个部位进行印花，避免其余部位印花产生浪费。

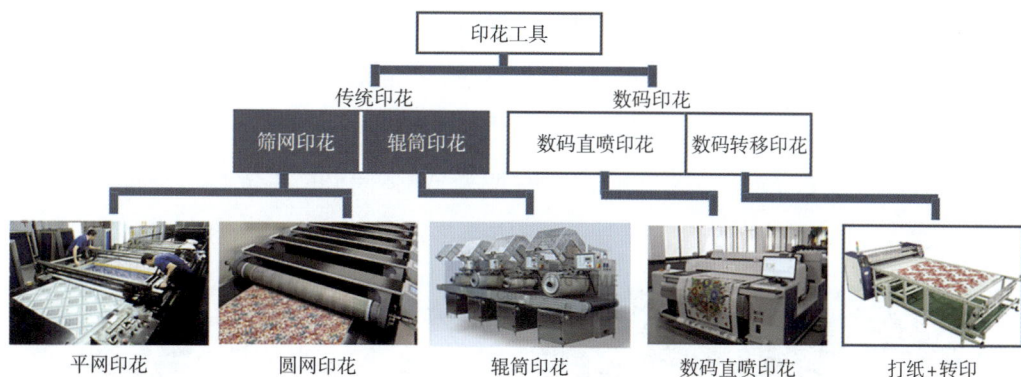

图4-15

图4-16

图4-17

在色牢度方面主要取决于具体印花使用的色浆染料和涂料的性能。可以采用各类不同色浆应用在各类服装面料上，但花型不能太复杂，颜色套数不能太多。平网印花是间断性印花，需要一网一网地上印，而不是连续性工作，对于经向不间断的花纹和需要印满地色的花纹平网会产生接缝。

二、圆网印花

圆网印花和平网印花接近，只是矩形的平直筛网变成了圆筒状的筛网，如图4-18所示。相较平网印花起订数量更高，一定数量下成本相对更低、速度更快，花型和图案受到颜色套数和花回大小限制可连续印制。色牢度和应用范围方面与平网印花基本一致。刀线是圆网印花最常见的质量问题之一，这是由于刮刀刀口有缺口或局部不平或沾有异物，造成刮色不匀，连续运转，就会产生长条深浅不一的刀线。

三、辊筒印花

如图4-19所示，用刻有凹/凸形花纹的铜制辊筒在织物上印花的工艺方法，又称铜辊印花。刻花的辊筒简称花筒。印花原理：印花时，先使花筒表面沾上色浆，当花筒压印于织物时，凸纹上的色浆或凹纹内的色浆即转移到织物上而印得花纹。凹纹辊筒印花和凸纹辊筒的印花特点是层次分明，可连续印制，生产速度最快，辊筒耐用耐放，适合大批量生产，但起订量要求非常大。色牢度方面同样取决于具体使用的浆染涂料的性能。凹纹辊筒适用大部分不同成分的面料和不同类型的印花色浆，凸纹辊筒适用于绒面面料。

图4-18

图4-19

四、数码转移印花

数码转移印花指先将某种染料印在纸等其他材料上（图4-20），然后用热压等方式（图4-21），使花纹转移到织物上的一种印花方法，是显色方式"转移"。服装烫画也属于转移印花的一种。数码转移印花又可分为升华法、泳移法、熔解法和油墨层剥离法等，但主要是热升华法。其具有工艺流程短、打样成本低、印制灵活、起订量低、色彩丰富、花型逼真等优势，由于不需要水洗所以不会产生水污染，但转移用纸不可回收，有一定浪费，总体相对环保。

图4-20

图4-21

数码转移印花多用于化纤面料，主要是涤纶面料，对于混纺面料根据颜色还原要求高低，一般要求化纤占比大。应用在化纤面料上色牢度较佳，通常使用分散染料作为上印色素。需要注意，由于印花需要经过高温高压，因此面料印前需要考虑面料经过高温高压出现的尺寸变化，以及布面效果和手感的变化，以免印后出现不可逆转的质量问题。

五、数码直喷印花

将花样图案通过数字形式输入计算机，通过计算机印花分色描稿系统（CAD）编辑处理，再由计算机控制微压电式喷墨嘴把专用染液直接喷射到纺织品上，形成所需图案，即数码直喷印花，如图4-22所示。显花方式为"数码技术＋喷射"。由于没有花型长度和花回限制，在色彩精度、颜色渐变和云纹图案方面有绝对优势。在追求超高精细度方面，主要取决于花型图案文件本身的色稿扫描的精细度和喷头的精细度。数码直喷印花的特点是打板成本较低、小批量交货快，但大货生产速度慢，可极大满足个性化需求，污染少，花型精细逼真，成本高，批量生产方面数码印花的成本是传统印花的几倍甚至十几倍。

色牢度方面主要取决于具体的印花染液性能和所印制的面料质地。目前主要应用在图案纹样色彩要求丰富的高档服装和面料上。数码直喷印花所用油墨必须严格符合物理指标，形成均匀的抗发泡的黏度适中的最佳液滴，才能给出优良的颜色质量和逼真效果。油墨的调制很关键，这也是印制成本高的原因之一。

图4-22

任务二　按印花作用的对象分类

按印花作用的对象来分类，有布匹印花、裁片印花、服装成品印花、经纱印花。布匹印花、裁片印花是比较常用的印花形式，而服装成品印花和经纱印花是针对某些特殊需求进行的印花形式（图4-23）。

一、布匹印花（匹印）

针对布匹，进行整卷连续均匀的印花方法即为匹印。其生产速度快，成本相对比较低，印花一致性比较高。在色牢度方面由具体不同的印花色浆和涂料性能决定。适合满地印花、碎花等大面积印花，以及对印花具体部位没要求的服装。

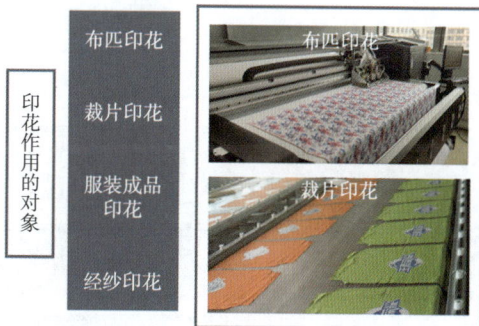

图4-23

二、裁片印花（片印）

针对服装裁片，对裁片进行特定位置的局部印花的印花方法即为片印。其生产速度相对较低，逐片印制，印花成本相对较高，印花主题明显，表现力强。可以部位需要进行印制，节约成本。在色牢度方面由具体不同的印花色浆和涂料性能决定。这类印花一般主题突出、风格鲜明，特种印花一般都采用片印。另外，裁片印花印后还需要缝制和洗水，因此片印要考虑到缝制和洗水后印花效果的变化。

三、服装成品印花

服装成品是针对成衣服装即缝合后的服装，对成品服装进行特定位置的局部印花的印花方法。裁片印花和服装成品印花区别在于，服装成品印花上机定位相对难一点，一般只能印前胸和后背两片，缝合处和其他细节部位难以印花。

四、经纱印花

如图4-24所示，在织造前，先对织物的经纱进行印花的一种印花方法。印后经纱与素色纬纱（通常是白色）一起织成织物，当纬纱的颜色与所印经纱的颜色反差很大，可在织物上获得柔和的影纹，甚至模糊的图案效果。经纱印花又称经轴印花，其工艺复杂、成本高，但能产生较独特的效果，多应用在高端机织面料和服装设计中。经纱印花与色织布的区别在于，色织布的纱线是先染色的，图案规律、整齐、连续；而经纱印花经纱的颜色是印上去的，图案独特、不规则。

图4-24

任务三 按印花所使用的材质分类

传统印花按使用材质来分种类繁多，如图4-25所示。

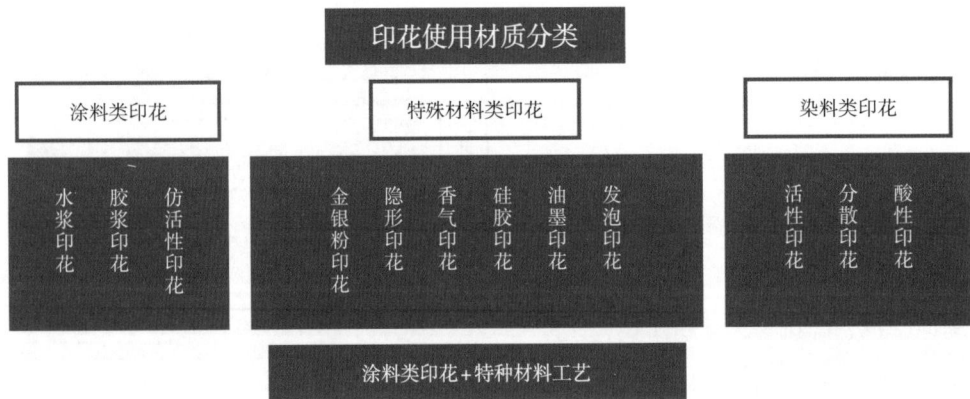

图4-25

一、涂料类印花

涂料类印花是使用难溶性的有色粉末的色浆，利用一定的工具，在织物上形成特定图案的过程。常见的涂料类印花有水浆印花、胶浆印花、仿活性印花。印花原理：色素涂料通过黏合剂的作用，固着在纤维的表面，从而形成图案。其工艺简单、色谱广、成本较低、应用广泛，但印花部位手感较硬，色泽相对不够鲜艳。涂料类印花色牢度方面干湿擦牢度一般，但耐漂、耐晒牢度较高。大部分天然纤维和化学纤维材质的织物均可应用。匹印、片印均可。涂料类印花的质量主要取决于浆料的使用，也就是黏合剂的质量，它很大程度上决定印花牢度、手感和环保安全性能等。

1. 水浆印花

使用水溶性相对较强的水性色浆，利用一定的工具，在织物上形成特定图案的过程。近似于染色，不同的是，水浆印花是将面料的某一区域"染"成花位所需的颜色。其实质还是将色料通过黏合剂的作用附着在织物表面。水浆印花工艺简单、成本低、薄浆、相对柔软透气，可用于大面积印，一般印单色或者简单且分色少的图案。印后一般能看到面料肌理纹路，如图4-26所示。色牢度方面水浆印花干湿擦牢度一般，耐漂、耐汗渍牢度较高，印于棉麻织物时摩擦牢度有所提升。大部分天然纤维和化学纤维材质的织物均可应用。但只适用于白色或浅色面料，不适用于深色面料，因为覆盖力不高，会泛底色。水浆印花在服装、家纺上应用广泛，特别是在家纺上。水浆印花和活性印花是两大应用类别，成本也差别较大。

高清图片

图4-26

2. 胶浆印花

胶浆印花是使用特殊的化学凝胶和颜料混合而成的色浆，利用一定的工具，在织物上形成特定图案的过程。其工艺简单、色谱广、颜色鲜艳、印花有立体感、表现力好。成本较水浆高，可用于深色织物，但印花部位手感较硬，透气性较差，不适合大面积印花（图4-27、图4-28）。色牢度方面胶浆印花干湿擦牢度较低，但耐漂、耐汗渍、牢度较高，具有一定拉伸度。绝大部分天然纤维和化学纤维材质的织物，深色、浅色的面料均可应用，但不适合大面积印花。胶浆根据面料不同延展性和功能要求，可采用不同的胶浆，如普通胶浆、尼龙胶浆、防水尼龙胶浆、牛仔胶浆（抗水洗）、弹力胶浆等。

3. 仿活性印花

仿活性印花是使用特殊的仿活性黏合剂的色浆，利用一定的工具，在织物上形成特定图案的过程。因其具有相对良好的手感和色牢度，效果接近于活性印花而得名。仿活性印花工艺简单、色谱广，成本相对活性印花低，可用于混纺织物，手感相对胶浆印花柔软，但略差于活性印花。仿活性印花在色牢度方面干湿擦牢度较水浆、胶浆好，较活性印花差；耐漂、耐晒牢度较活性印花好。仿活性印花可应用在大部分天然纤维和化学纤维材质的织物，深浅色均可。其特点主要规避了水浆印花不能印深色面料而胶浆印花手感太硬牢度不高的缺点。如图4-29所示，其印花成品性能接近于活性印花，而某些指标还能高于活性印花。

二、染料类印花

染料类印花是使用可溶性的染料色浆，利用一定的工具，通过渗透结合的作用，在纤维内显色，从而形成图案，与织物上染形成特定图案的过程。染料

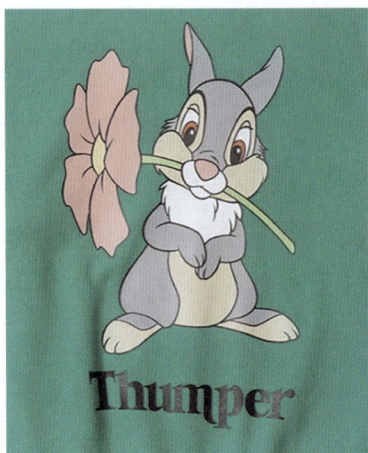

高清图片

图 4-27

高清图片

图 4-28

高清图片

图 4-29

印花与涂料印花的主要区别在于手感、层次感、透气性、牢度和颜色鲜艳度方面，但随着技术的提高两者差别在缩小。常见的染料类印花有活性印花、酸性印花、分散印花等，能用于印花的染料都属于此类。染料印花的区别主要在于各种染料所能应用的面料成分各不相同，如活性印花多用于棉麻等纤维素纤维的面料，分散印花则是化纤涤纶为主等。染料类印花色谱广且色泽鲜艳饱满、手感柔软，印花位置一般感觉不到印花物质，但工艺复杂、成本较高，且一般需要印前处理和印后处理。这也是与涂料印花的区别之一。染料类印花色牢度方面，干湿擦牢度较高，洗水牢度较高。这类印花适合用于大花型、满地印、花色鲜艳或手感要求高的场合。一般适合用于白色或浅色面料，不适用于深色面料，因为显色效果不佳。

1. 活性印花

活性印花是使用活性染料水溶色浆，利用一定的工具，与织物上染形成特定图案的过程，与活性染料染色原理一致。主要应用于棉、麻、黏胶等纤维素纤维的面料和部分丝、毛等蛋白纤维面料。对底布的质量有较高要求，需要做好印前处理。一般适用于白色或浅色面料，印深色面料需要做拔印。另外，黏胶纤维面料进行活性印花时，如果控制不好容易出现手感变硬的情况。

2. 分散印花

分散印花是使用分散染料水溶色浆，利用一定的工具，与织物上染形成特定图案的过程，与分散染料染色原理一致。染料细小微粒借助分散剂的作用在水中成为均匀的水分散液，在高温高压条件下或借助载体进入纤维内固着显色。一般采用热转移的方法进行印花，主要应用于涤纶、醋酸纤维、锦纶、丙纶、氯纶、腈纶等合成纤维面料的印花。由于是高温印花，对面料尺寸会有影响，所以不适用于片印。一般适用于白色或者浅色布底印花。如果印花的面料的纱线成分为两种或两种以上的混纺纱（如涤棉混纺），进行染料印花时需使用活性染料＋分散染料同浆印花。

3. 酸性印花

酸性印花是使用酸性染料水溶色浆，利用一定的工具，与织物上染形成特定图案的过程，主要应用于丝、毛等蛋白纤维面料和锦纶面料。

三、特殊材料类印花

特殊材料类印花是指使用特殊的物料附着在织物上形成特定图案的过程，大部分是基于涂料印花原理进行的。其主要有金银粉印花、油墨印花、硅胶印花、香气印花等。特殊材料类印花的色牢度因材料不同而异，一般透气性和手感较差，不适宜大面积印涂。在设计制作中往往需要考虑成品的用途和印花牢度。由于此类印花是靠黏合剂的作用使得特殊材料固着在面料上，理论上可以利用这一特点进行多种图案实现形式的创新。

1. 金银粉印花

金银粉印花是指使用金色/银色的金属粉末，通过黏合剂的作用附着在织物上，形成特定图案的过程，又称金属粉印花（图4-30）。这种印花优点能增强服装金属感、华丽感，立体感强，缺点是摩擦牢度不高。黏合剂性能的好坏，直接影响金银粉印花的牢度、光泽、手感等。

高清图片

图4-30

2. 油墨印花

油墨印花是指使用含有聚氯乙烯、树脂、增塑剂、色料和其他助剂组成的油墨通过黏染作用附着在织物上，形成特定图案的过程，如图4-31所示。其又可分为反光油墨、热固油墨、热转印油墨、数码喷墨、发泡油墨等。其特点是立体感强，图案精细，印于拒水性的化纤面料上比胶浆印牢度更高。油墨印花的色牢度方面摩擦牢度和耐洗牢度都较好，但成本较高。其中热固油墨印花由于耐洗、耐晒，牢度好，手感柔软，透气性、环保性好，使用方便、不易塞网等，越来越多用于替代胶浆印花。

3. 硅胶印花

硅胶印花是指使用合成高分子化学材料特种液态硅胶通过黏合作用附着在织物上，形成特定图案的过程。其特点是立体感强（图4-32），具有皮革般的细腻触感，厚度可以任意选择，附着力好，无毒无害，但摩擦牢度和耐洗牢度一般。硅胶印花适用大部分面料，且更适用弹性较大的面料，多用于产品Logo。

高清图片

图4-31

高清图片

图4-32

4. 隐形印花

隐形印花是指利用高分子材料在不同环境下"相态"不一致的特性，经特种印花方法使印花织物在常态下不显露印花图案，只是在特定温度、湿度或光照的情况下才显现出印花图案的一种印花方法（图4-33）。其又可分为热敏、光敏、湿敏等变色印花以及消光、浮水印花等，具有趣味性和观赏性，但成本高、技术难度大，摩擦牢度和耐洗牢度一般，主要用于泳装、礼服、洗水牛仔及功能类服装。

5. 香气印花

香气印花是指利用注有香水微胶囊，与印花色浆混合后印染于面料上的印花方法，在一定条件下（如温热、人体辐射或摩擦等），微胶囊破壁释放香味（图4-34）。有的香气印花产品可随穿着者的身体状态和兴奋度释放出不同浓度的香气，越兴奋，体温越高，释放的香气越浓。这类印花一般摩擦牢度和耐洗牢度不高，经过一段时间后会消失，另外，此类印花成本高。

图4-33   图4-34

6. 发泡印花

服装类的发泡工艺一般通过印花浆料中加入微胶囊树脂遇热，树脂溶剂形成气体，随后变成气泡，体积随之增大。其特点是弹性好，手感柔软。发泡印花主要原材料有热塑性树脂、发泡剂、着色剂等。需要高发泡时，适量多添加发泡材料，低泡时适当减量（图4-35）。

高清图片

图4-35

任务四　按显色原理分类

"印"一般指涂料印花也就是通过涂料直接黏合显色显花，"染"一般指通过染料直接染来显色显花。图案和花型呈现于服装面料上的方式除了传统意义上的"印"和"染"，还有其他一些方式，如数码直喷印花、数码转移印花、拔染印花、防染印花、烂花（减量印花）、植绒、压花等。如图4-36所示，是从显色原理进行的印花分类。数码直喷印花和数码转移印花前文已述，下面主要讨论其他几种显色呈现方式。

一、拔染印花

在已经经过染色的有色织物上，印上含有漂白成分拔染剂将其地色破坏而局部露出白地或有色花纹，也称拔印，显花方式为"拔"。拔染印花又可分为"拔白"（图4-37）和"色拔"（图4-38）。拔印对于传统印花是一种逆向思维，在色布上擦去特定处的底色同时印上新的花色。对于拔白来说，各项牢度是主要面料底色的染料性能，对于色拔还要看拔后印花材质的性能。

"拔白"是按照特定的图案去除面料的底色，形成花型。一般作用在深色面料，或者花型需要大面积满地色且手感和透气性要求很高的面料。色拔即"拔＋印"，就是将面料的底色按照特定的图案去除原色的同时在拔色处印上有色的花纹。色拔印花中，拔白和印花是同时进行的，所以色拔印花成品面料若进行轻漂洗将会出现特殊的地色混沌、花型清晰的效果。另外需要注意，拔白剂对于一些天然纤维面料（如棉麻等）有损伤。

二、防染印花

预先在白色面料上印上特定图案的防染剂，然后进行面料染色，印了防染剂的地方由于上不了色，从而形成预先设定的图案。印花

涂料黏印	
染料染印	
转移印花	
数码印花	直喷印花
防印印花	防印＋染
防染印花	防印＋印
拔染印花	染＋拔白＋印
烂花	腐蚀
植绒	黏合静电植入
压花	高温热压成型

图4-36

图4-37

图4-38

色浆中防止染料上染作用的物质称为防染剂。显花方式为"防染"。蜡染也属于防染印花（图4-39）。防染印花又可分为防白印花和色防印花，其特点是工艺较短、成本较高、地色均匀、色差少，但花纹一般不及拔染印花精密、细致，且花型分界线往往会有微丝裂纹。对于防白来说，各项牢度是主要面料底色的染料性能，对于色防还要看色防印花材质性能。防染印对于拔白印花又是一种逆向思维。

防印印花原理和防染印花基本相同，区别在于，防染印花是先印防印浆后染色，地色是染的；防印印花则是先印防印浆后印地色，地色是印的。"色防印花"即"防白+印"（图4-40），防白的同时，在防白处染印花色，从而形成色地+色花的图案。色防印花和色拔印花原理较为接近，主要区别在于，色防印花是先印后染，色拔印花是先染后印。

图4-39

图4-40

三、烂花（减量印花）

在多组分纤维组成的织物上印腐蚀性化学药品（如硫酸、氯化铝等），经烘干等后处理使某一纤维组分破坏而形成图案的印花工艺。也可于印浆中加入适当耐受性染料，在烂掉某一纤维组分的同时使另一组分纤维着色，获得彩色烂花效应（图4-41）。显花方式为"腐蚀"。其特点是立体感强，凹凸有序，或呈半透明状，装饰性强，成本低，但色牢度一般，主要看毛羽牢度，如纱线结构遭到破坏，毛羽较易脱落。一般来说烂花印花主要用于涤棉面料，被腐蚀部分一般为

图4-41

棉等纤维素纤维，注意腐蚀后要保证面料基本的物理机构稳定和完整，以免出现面料断裂或涣散的现象，因此不是所有的涤棉面料都适合做烂花。

四、植绒

植绒布是利用高压静电场在坯布上栽植短纤维的一种产品，即在承印物表面印上黏合剂，再利用一定电压的静电场使短纤维垂直加速植到涂有黏合剂的坯布上，形成特定图案（图4-42）。显花方式为"黏＋静电植入"，也就是通过静电作用使得纤维绒整齐有序地插入涂有黏合剂的面料上。其特点是立体感强，手感柔和。色牢度方面主要看毛羽牢度，由于绒面只是靠黏合剂黏合，且不与基布纤维连为整体，毛绒纤维具有一定长度，因此容易受到外力摩擦后脱落，毛羽牢度是考察植绒质量的主要指标。一般植绒应用在导电性较好的面料上，氯纶和丙纶织物不宜做植绒。另外，植绒基布一般不宜选用弹力大、收缩性强的面料，以免植绒后出现缩绒。

高清图片

图4-42

五、压花

轧花或压花是以一对刻有一定深度花纹的轧辊在一定温度下压轧织物，而使织物产生具有浮雕风格的立体效应和特别的光泽效果的凹凸花纹的工艺（图4-43）。显花方式为"轧"，也就是通过物理的外力压顶作用，使面料出现特定的凹凸图案。其特点是立体感强，具有雕刻般艺术感。色牢度方面主要取决于压花作用的面料，其图案的持久度随外力和洗水会慢慢消退。这类印花一般用于具有热塑性的化纤面料上，温度和压力的精准控制能提高花型的清晰度和持久度。

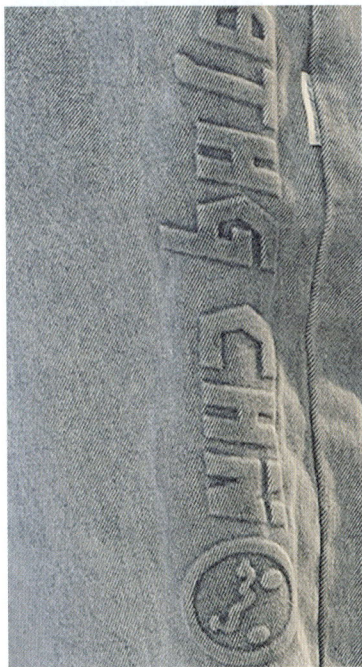

高清图片

图4-43

项目三
服装电脑绣花工艺与应用

绣花从古至今一直是服饰及纺织品的重要装饰形式和图案实现手段，历经数千年传承和发展。绣花发展到今天可以分为手绣和机绣。手绣工艺历经数千年的传承和积累，不单是手工技艺，更是文化传承。我国有苏绣、湘绣、蜀绣、粤绣四大名绣，在少数民族地区的日常服饰中也经常可以看到各种手绣图案的服饰品。手绣工艺的表现形式丰富多样，而机绣工艺更加适应现代批量化生产需求，机绣工艺在不断模仿手绣工艺的同时也在创新其他形式的工艺样式。

在可以预见的未来机绣技术随着数据化、智能化、柔性制造的影响，设备技术将会不断迭代升级，新的工艺形式也会不断涌现。而手绣工艺承载着技艺传承文化，也不可能消亡，而随着物质和精神需求的双提升，特别是文化和制度自信带动下的"国潮"服饰品驱动也将会有更好的发展和传承。绣花的工艺和类型繁杂，限于篇幅本节主要讨论在服装毕业设计综合实践中更加需要关注的机绣中的电脑机器绣花。

任务一　电脑绣花原理

先用绣花CAD制板，生成样板后，将载有刺绣程序及花样的数据载入电脑，在程序控制下，电脑将花样坐标值换成与绷框X、Y方向位移量相当的电信号，送到X、Y、Z单片机系统进行电机升降速处理后，输出三相六拍号，再通过功放箱进行功率放大，X、Y步进电机，带动绷框完成X、Y间的进给运动；Z步进电机，同时带动机针做上下运动，从而使刺绣连续地进行下去。

Z步进电机通过同步齿形带等驱动机头传动机构旋转，机头的特定机构使引线机构和机针带着面线做运动，穿刺面料；钩线机构中的旋梭旋转，使面线绕过藏有底线梭壳；挑线机构运动，输送面线，收紧线迹，准备下一个线迹的面线线段。X、Y步进电机通过同步齿形带等机构带动绷框和面料做平面运动。将面料上每个待绣线迹点送往机针刺绣，机针上下运动的速度与绷框移动的方向、移动量以及移动速度的协调配合运动，使面线和底线绞合，在面料上做出双线锁式线迹。刺绣连续进行，完成花样电脑刺绣。

电脑绣花机是当代最先进的绣花机械，它使传统的手工绣花得到高速、高效的提升，并且还能实现手工绣花无法达到的多层次、多功能的绣法，从而达到统一性和完美性要求。

电脑绣花的分类方式有以下四种。一是按绣花机机头的数量来区分，可分为单机头（图4-44）、多机头（图4-45）。二是按每一个机头所含机针的数量来区分，可分为3针、6针、9针、12针、15针等，如图4-46所示，是一台9针的板式电脑绣花机。三是按送料绷架形式来分，可分为板式（图4-44～图4-46）与筒式（图4-47）。四是按绣花的作用对象来区分，可分为裁片绣、成衣绣（成衣框）、成品帽绣（帽框）、袜绣（袜框）。

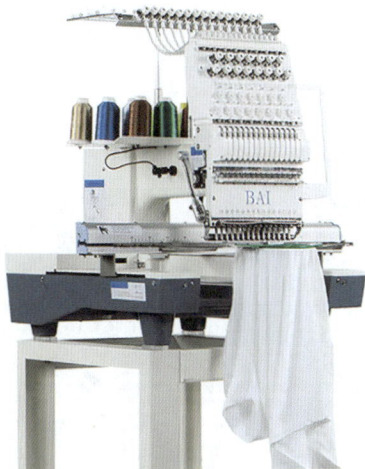

图4-44

图4-45

图4-46

图4-47

电脑绣花的实现工艺也在不断地创新和变化，从实现的效果来看比较常见的绣花工艺有平绣、贴布绣、立体绣、雕孔绣、绳绣、珠片绣、植绒绣、牙刷绣、皱绣、锁链绣、毛巾绣、花带绣等。电脑绣花工艺的创新主要围绕绣花所使用绣线材料、绣花线迹即走针的方式、绣花机器喂嘴的改造，以及与其他服饰工艺的结合进行的创新应用。其中常见的绣花针法有挨针、单针、打底针、法式点、豆针、摇摆针、花影针、螺旋针法、填充针等。

一、平绣

平绣是一种最常用也是最传统的一种绣花工艺。工艺比较简单，主要靠图案设计、绣线选取和针法变化来进行创新（图4-48）。

二、贴布绣

贴布绣也叫镶绣（图4-49），是在一块底布上绣花时，贴上另一块面料，利用贴布代替针迹而节省绣花线，用来表现图案的不同肌理块面效果，成品较柔软。如图4-50所示，猴子的脸部分别用了几层布片做底，四周用刺绣来完成。一般贴布绣花在普通平绣机上便可生产。

图4-48　　　　　　　　　　图4-49　　　　　　　　　　图4-50

工艺方法：预先把贴布布料裁剪成合适的形状，然后绣花。刺绣完后，用剪刀把布料剪掉。考虑到生产与质量要求，一般的做法是用模刀把贴布预先裁好，如图4-51所示。

切割模具

切割后的贴布

贴布绣

切割机

考虑到生产效率与质量要求，一般的做法是用模刀把贴布预先裁好

图4-51

三、立体绣

立体绣由普通绣花机即可实现。利用刺绣包裹EVA胶或者发泡棉（图4-52）形成立体图案。立体绣较多运用在皮革、帽子或服装局部的徽章、字母等上面（图4-53）。

四、珠片绣

珠片绣指将形状大小相同的珠片串联成绳状物料，然后在平绣机上安装珠片绣装置进行刺绣，刺绣珠片的规格一般为2~12mm，珠片装置可以安装在指定机型机头的第一针或最后一针。如图4-54所示，胸前就是采用珠片绣花工艺进行的创新设计。

高清图片

图4-52

高清图片

图4-53

高清图片

图4-54

五、雕孔绣

雕孔绣可在普通的平绣机上实现，但需安装雕孔绣装置，即在平绣机上安装不同的喂嘴装置进行刺绣。利用雕孔刀把布料雕穿，然后用绣花线包边在中间形成孔状。如图4-55、图4-56所示，汤姆·布朗（Thom Browne）2023年春夏季新品则采用了雕孔绣花工艺创新设计。

高清图片

高清图片

图 4-55 　　　　　　　　　　　　　图 4-56

六、毛巾绣

　　毛巾绣是在绣面上绣出类似毛巾绒面效果的绣花工艺形式。如图 4-57 所示，HEICH BLAD 的新品采用的就是毛巾绣工艺的创新设计。

高清图片

　　毛巾绣是通过特种毛巾机头，如图 4-58 所示，把普通的绣花线从机器底下勾上去，绕出一个又一个线圈带出毛巾效果。特点是触感柔软、颜色丰富。绣时将底线放松、面线收紧，使底线翻上绣

图 4-57

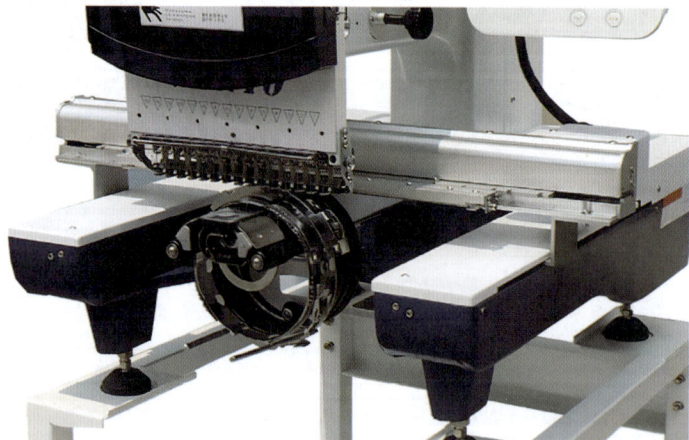

图 4-58

面。运针方法为直线行进，须做到行行不乱，便可产生卷毛样的毛巾花纹效果，使图案毛绒浑厚。例如，行针时将直线行进改为连续打小圈的做法，在绣面上即可产生一连串小菊花形状，这种针法称"翻底菊花针"。另外，平绣机加装高速绳绣仿毛巾绣装置也可以实现毛巾绣的刺绣效果，但此种毛巾绣效果所实现的变化工艺相对较少，局限于类似人或动物的毛发的毛巾绣效果。

七、锁链绣

毛巾绣机器也可以生产锁链式针法的刺绣，由于线圈是一环扣一环，形状像锁链一样，所以叫锁链绣，如图4-59、图4-60所示。

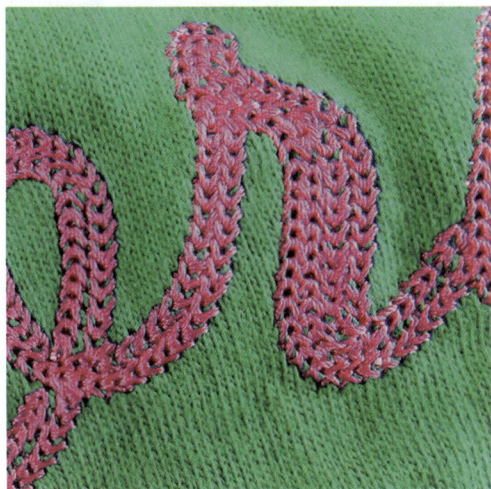
图4-59

图4-60

八、中空立体绣

中空立体绣可使用普通的平绣机生产，是利用发泡胶类似立体绣的方法刺绣，刺绣完毕后用干洗机洗去发泡胶而形成中间空心的效果，如图4-61所示（发泡胶表面光滑，一般厚度为1~5mm）。

图4-61

高清图片

九、立线绣

立线绣又叫牙刷绣，它是在普通的绣花过程中，在面料上增加一种一定高度的辅料（如EVA），刺绣完成后用工具把EVA上的绣线修理平整，去除辅料，就形成了牙刷形状一样的绣花。图4-62是UOOYAA 2022秋冬推出的新品，用牙刷绣工艺处理熊猫的剪影图案，图4-63是立线绣工艺的局部。牙刷绣完后一般在反面熨烫热熔胶，以防止加工后绣线松脱。

图4-62

图4-63

十、植绒绣

植绒绣（图4-64）可以用普通平绣机器生产，但需要安装植绒针。刺绣的原理是利用植绒针（图4-65），勾针把绒布上的纤维绒勾起植于另一布料上。一般绒毛结构较松而长，且有弹性的绒布做出来的植绒效果会比较丰富。另外，同样的针法和绒布，底布若不同，植绒的效果也会有一定的差异。

牙刷绣和植绒绣是两个不同的概念，牙刷绣重点是绣花线像牙刷的毛一样竖起来，植绒绣是把绒布的绒毛拉出来形成绣花，毛是倒下的。

十一、绳带绣

在平绣机上安装绳绣导管装置可进行刺绣（图4-66），效果如图4-67所示。绳带导管（洞口直径）尺寸一般标准有1.1mm、1.5mm、2mm、2.5mm；可选选件1.3mm、1.7mm。一般导线是圆形适合导管。

  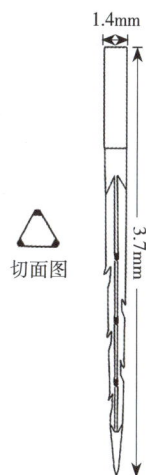

图 4-64   图 4-65

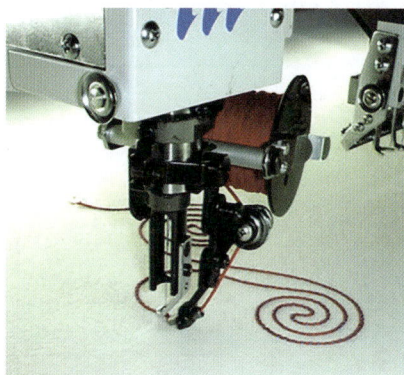 

图 4-66   图 4-67

十二、皱绣

皱绣可在普通的平绣机上实现，但需配合收缩底衬及水溶底线，刺绣完后是利用收缩底衬遇热收缩而令布料皱起，当水溶底线经水泡溶解后底衬便可与布料分离。但要注意的是，布料要使用化纤薄料效果才明显，底衬遇热收缩，热缩一般在40%，溶解底线的水温控制在40~60℃。

项目四
服装洗水工艺与应用

洗水工艺是服装设计中的常用工艺，牛仔服装的洗水处理和借用牛仔洗水的处理工艺在设计师品牌的系列创作和服装设计加工生产中经常使用。洗水工艺应用广泛，近年来日益面临环保、绿色可持续化的命题，其技术路径和工艺手段也在不断迭代和升级。激光雕花（烧花）工艺比较环保，符合发展趋势，增长较快，但受限于生产速度及成本等因素，目前还很难取代传统的牛仔洗水处理工艺。总体来看，年轻的设计师了解并掌握基本的牛仔洗水处理工艺类型和原理，对于服装的设计能力的提高和设计创意形成很有必要。

任务一　牛仔处理工艺的分类

牛仔的处理工艺概括起来主要包括三个部分：手工处理、喷涂处理、洗水处理，如图4-68所示。手工处理包括猫须、磨边、勾纱等；喷涂处理包括喷色、抹色、刷马骝、成衣染色等；洗水处理包括普洗、酵素洗、石洗、砂洗、化学洗、漂洗、雪花洗、扎花洗等。洗水处理方面即便是最常规的普洗又可分为轻普洗、普洗、重普洗等。牛仔洗水的处理工艺也是非常复杂，但其基本原理基本和方法基本一致。

设计师掌握常见的牛仔洗水处理工艺，并在此基础上根据自己的设计构想选择合适的牛仔洗

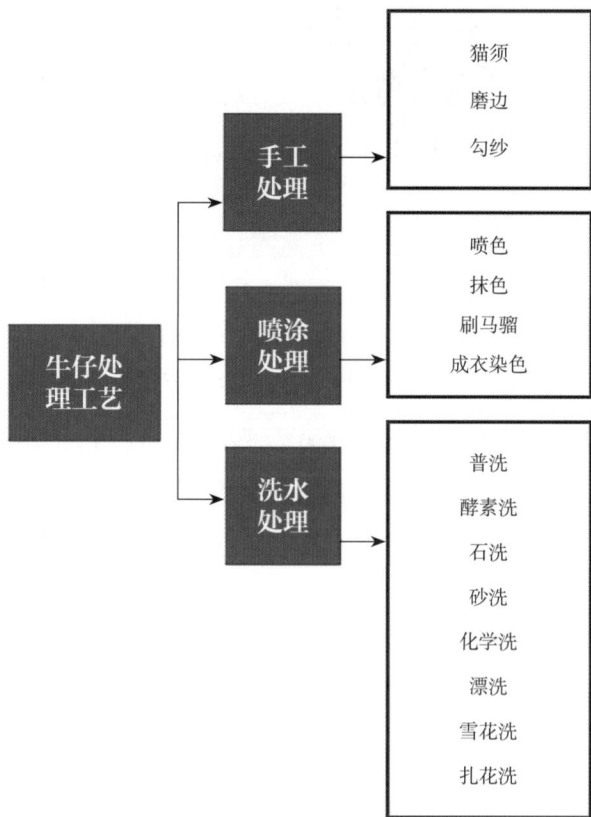

图4-68

水处理工艺进行服装设计，或者通过与工厂和工艺师傅的交流沟通往往能创新工艺形式，创造出新的设计甚至引领潮流。图4-69是迪奥 2023推出的新品，牛仔在普通洗水之后，加温到60℃加入适量漂白剂进行漂色水洗，通过与扎染工艺结合，产生分割撞色漂染的视觉效果。

图4-69

牛仔水洗处理工艺的基本流程

水洗牛仔是牛仔服装制作的一道重要工艺，也是最基本的工艺流程。一方面，可以使牛仔服装更柔软，便于穿着；另一方面，可以对牛仔服装进行美化处理，如猫须、马骝、雪花洗、酵素洗等。原生牛仔面料上有一层浆料，如果不洗会很硬，穿在身上不舒服，对皮肤和身体也有一定害处。

牛仔洗水处理工艺主要包括四个环节，如图4-70所示。一是水前工艺：手擦猫须、前后擦砂、定位等。二是下洗水机洗水：退浆、酵磨、漂、过清水、出机脱水、烘干；三是做扫描、马骝工艺（也可以称为扫高锰、喷高锰）；四是过水洗掉裤子上的高锰酸钾，再套色、过软、出机、脱水、烘干。

1.水前工艺：手擦猫须、前后擦砂、定位等	2.下洗水机洗水：退浆、酵磨、漂、过清水、出机脱水、烘干	3.做扫描、马骝工艺（也可以称为扫高锰、喷高锰）	4.过水洗掉裤子上的高锰酸钾，再套色、过软、出机、脱水、烘干

猫须处理	洗水机	离心式脱水机	烘干机

图4-70

常见的牛仔洗水工艺分类

一、普洗

即普通洗涤，只不过将我们平日所熟悉的洗涤改为机械化，其水温在60～90℃，加一定的洗涤剂，经过15分钟左右的普通洗涤后，过清水加柔软剂即可，使织物更柔软、舒适，在视觉上更自然、更干净，如图4-71所示。

图4-71

二、酵素水洗

大多数牛仔布通过纤维酵素漂洗进行软化退浆处理是在普洗之上加入酵素酶，在一定pH值和温度下，对纤维结构产生降解作用，使织物表面达到温和褪色、褪毛（洗掉大概10%～15%的颜色），呈现露底泛白类似桃子表皮的绒毛效果，且持久、柔软，当获得所要的色彩后，通过改变水的碱度或升高水温，即可停止酵素洗水，如图4-72所示。

三、石磨酵洗

浮石和酵素并用，可使牛仔布获得怀旧效果（图4-73、图4-74）。在第一个步骤中，洗缸中只放入浮石和面料，然后在下一个步骤将酵素放入其中，连同浮石、面料一起翻滚，直到产生自然的怀旧效果。最常采用这种水洗方法的是蓝色牛仔布。

图4-72

四、石磨水洗

石磨水洗是通过物理方法使牛仔布褪色，并且增加色彩对比效果。把布放入加有浮石的洗缸中（图4-75），进行石磨水洗处理（占缸容量35%时洗

图4-73

高清图片

图4-74

高清图片

水效果最好）。牛仔布与石头翻滚、摩擦，翻滚水洗时间越长，色彩越浅，对比效果也越强烈。牛仔布水洗后再进行漂洗、柔软处理和烘干等整理，经过石磨水洗整理的牛仔布柔软、色彩层次丰富。

图4-75

五、砂洗

后整阶段把牛仔布套在裹有砂纸的滚筒上，或采用经过化学处理的研磨剂滚筒上，对凸出的部分进行磨砂处理。这种后整理方法会使牛仔布部分褪色（图4-76），并在牛仔布表面产生绒感（图4-77），赋予其柔软、细腻的手感。砂洗处理方法也可以使牛仔产生褶皱、猫须等时尚外观效果。

图4-76

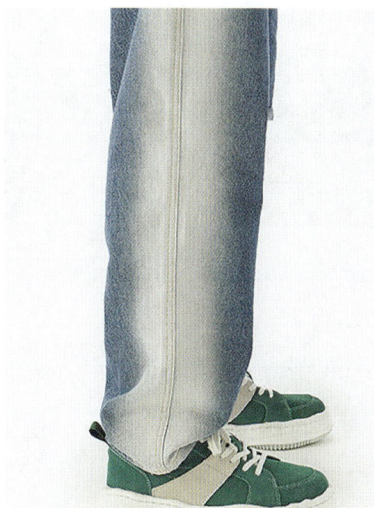

图4-77

六、漂洗

为使衣物有洁白或鲜艳的外观和柔软的手感，需对衣物进行漂洗，即在普通洗涤过清水后，加温到60℃，根据漂白颜色的深浅，加适量的漂白剂，7～10分钟内使颜色对板一致。漂洗可分为氧漂和氯漂。氧漂是利用双氧水在一定pH值及温度下的氧化作用来破坏染料结构，从而达到褪色、增白的目的，一般漂布面会略微泛红。氯漂是利用次氯酸钠的氧化作用来破坏染料结构，从而达到褪色的目的。氯漂的褪色效果粗犷，多用于靛蓝牛仔布的漂洗。漂白对板后，应以海波对水中及衣物残余氯进行中和，使漂白停止，漂白后再进行石磨，则称为石漂洗。

七、化学洗

化学洗主要是通过使用强碱助剂（NaOH、Na_2SiO_3等）达到褪色的目的，洗后衣物有较为明显的陈旧感，再加入柔软剂，衣物会有柔软、丰满的效果。图4-78是品牌Viclor Li 2023的秋冬款式，利用化学洗来创新设计。

八、破坏洗

成衣经过浮石打磨及助剂处理后，在某些部位（骨位、领角等）会产生一定程度的破损，洗后衣物会有较为明显的残旧效果，如图4-79所示。

图4-78

图4-79

九、雪花洗

用高锰酸钾溶液浸透干燥的浮石，然后在专用转缸内直接与衣物打磨，通过浮石打磨在衣物上，使高锰酸钾把摩擦点氧化，使布面呈不规则褪色，从而形成类似雪花的白点，如图4-80所示。

工艺流程：浮石浸泡高锰酸钾—浮石与衣物干磨—雪花效果对板—取出衣物在洗水缸

内用清水洗掉衣物上的石尘—药酸中和—水洗—上柔软剂。

十、冰裂纹

"冰裂纹"严格说应属马骝范畴，工艺的核心在于"爆裂浆"的使用（图4-81）。制作的方法是将"爆裂浆"以一定厚度手工刮涂于牛仔服装表面，再将服装烘干（一般在焗炉中进行），烘干后服装表面的"爆裂浆"会形成各种自然裂缝，然后将服装进行刷马骝，马骝渗入裂缝中与服装染料进行反应，之后再水洗去除浆料并进行还原中和，服装表面就呈现出裂缝一致的白色纹路，称为冰裂纹或爆裂纹。

十一、猫须

以加工后的效果似猫须形状而得，如图4-82所示。可以通过缝针后磨洗得到，也可通过缝针后擦马骝得到，或用砂轮片或手磨出来，如图4-83所示。猫须的形状和清晰度有各种说法，尚无规范标准，配合树脂立体压皱后再擦马骝得到，称为立体猫须，如图4-84所示。

工艺流程：退浆处理后的服装—喷或擦涂树脂药水—熨斗抓皱（圆猫须为烫筒抓皱）—焗炉—马骝—其他水洗工艺。

图4-80

图4-81

图4-82

图4-83

图4-84

十二、刷马骝

把高锰酸钾溶液按设计要求刷或喷到服装上，发生化学反应使布料褪色或留白。高锰酸钾的浓度和喷射量可控制褪色的程度。喷马骝褪色均匀，表层、里层都有褪色，而且可以达到很强的褪色效果。

十三、激光雕刻（烧花）

在牛仔裤上形成商标或图案，最初的方法是将剪出的图案贴封于裤身上，洗水以后再将图案撕去，此时牛仔裤会很自然地留有未洗水的图案轮廓。也有设计者直接在牛仔裤上刻出各种通花图案。现在，用激光雕刻就可以轻易地去除浮在纱线表面的蓝色，在面料上雕刻出特别图案，也可以在织物表面切割出具有镂空效果的各种图案，使成品更加精致和富有创意，如图4-85所示。

图4-85

任务四　设计中的牛仔处理工艺与创新

设计中的牛仔处理工艺与创新形式非常多，主要有以下几种：破损边缘，保留纱线毛须，如图4-86所示；毛边拼接处理，如图4-87所示；色块拼接处理，如图4-88所示。还可以尝试和印、绣、染、织造等工艺结合运用。

图4-86

图4-87

图4-88

项目五
植物染工艺与应用

植物染色也叫"草木染""天然染色"，是从植物中提取染料对纺织物进行染色的一种方法。我国早在商周时期就有了关于植物染色的记载，并设有专门的染人官职，从染草的分类、种植、采集都有详细的管理制度。东汉的《说文解字》中就有39种色彩的名称。

人们把能作为染料的植物称为"染料植物"，色素普遍存在于植物体内，有些比较容易被察觉，如花和果实，有些就需要通过媒染剂才能显现。而植物的色素大部分很容易被分解氧化，只有少数能够较长期保存。植物染色，具有环保、无污染、染出的织物具有柔和、清香的优点，相较于化学染色，具有色素提取时间长、染色方法复杂、着色差、成本高等缺点。

任务一 植物染

一、植物染按工艺分类

植物染按工艺可分为扎染（绞缬）、蜡染（蜡缬）、夹染(夹缬)、蓝花印布（灰缬），以及近年比较流行的植物拓染等（图4-89）。图4-90为珠海慢生活草木染工作室蜡染作品。缬：古代指有花纹的丝织品。世界各地的传统染色方法还有很多，如日本的型染。日本的织物图案和工艺深受我国隋唐时期的影响，其间镂空版印花法传入日本，型染和灰缬类似，都是利用型纸做成模板然后进行染色。

"缬"又叫扎染，始于秦汉，兴于魏晋，隋唐时期盛行，通过纱、线、绳等工具对织物进行扎、缝、缚、缀、夹等多种形式组合后进行染色。"蜡缬"也称蜡染，因用蜡做防染剂而得名。《贵州通志》记："用蜡绘花于布而染之，既去蜡，则花绘如绘。"夹缬以单色为主，工艺有点类似木刻版画，距今有两千多年。先制作精美的雕刻花板，成对夹固面料，再投入染缸染色。"灰缬"既有单色染，也有多色套染，随着化学印染的普及，多色套染做工复杂、价格昂贵，普通乡间较少用，逐渐失传，也就有了"只知蓝染印花不知夹缬的多彩"。将镂空花板铺在织物上，然后将防染剂刮入花板空隙，晾干后浸染多次再除去防染剂。植物拓染是近年比较流行的一种形式，工艺简单，采集植物的叶通过捶打将植物的纹理拓印到布料上再进行固色（图4-91）。

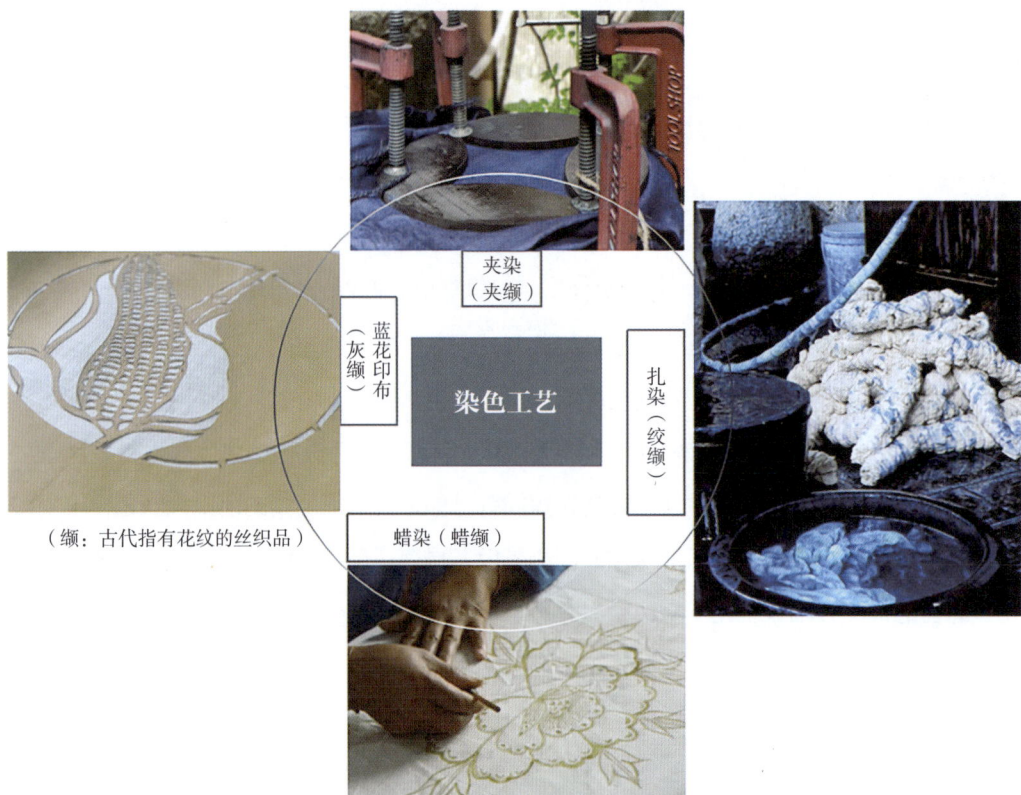

夹染
（夹缬）

蓝花印布
（灰缬）

染色工艺

扎染（绞缬）

蜡染（蜡缬）

（缬：古代指有花纹的丝织品）

图4-89

图4-90

图4-91

二、传统植物染染料的提取途径分类

1. 茶叶类染料

茶是中国对人类、对世界文化所做的重要贡献之一。中国是茶树的原产地，是最早发现和利用茶叶的国家。茶的有机成分中的茶多酚、各种茶色素及二级代谢产物与茶叶的色、香、味和品质有关。例如，绿茶不经发酵，保持茶多酚原来的化学结构，其单体为儿茶素；红茶是发酵茶，茶多酚经过氧化后形成茶色素，其单体为茶红素、茶黄素和茶褐素。几乎所有茶叶类都可以进行染色，只不过不同茶叶类染色后的色泽、色相、色光不同，一般来看，发酵时间越长的茶叶染色后效果越好。除了本来意义上的茶叶品外，一些本来不属于茶叶类的也进入了茶叶类，如加入花草的花草茶；本来属于中药的决明子、绞股蓝、马鞭草、苦丁等；属于花卉类的玫瑰、菊花、洋甘菊、金银花、扶桑花、千日红等；还有食品类的大麦茶等，均可以作为茶叶类染料使用。

2. 水果类染料

水果类染料的色素大多在果壳里，也有在树根、树皮、树枝和树叶里。常见的水果类染料有石榴皮、柿子果实和树叶、杨梅枝叶、蓝莓等。

3. 花卉类染料

花卉类的染料不仅仅指花朵，更多是包含花朵的整株。大部分花卉所含的成分是花青素，高温萃取时容易被分解，色素丧失。其中万寿菊、栀子花、槐米、石榴花等可以作为染料。

4. 蔬菜类染料

部分蔬菜可以用作染料，如甜菜和紫甘蓝。有些蔬菜中不是食用的部分，如丝瓜叶、洋葱皮、红薯叶等都可以作为原料。有些药食两用的蔬菜，如紫苏等叶可以作为染料使用。

5. 中药材类染料

中药材是植物染料选材最多的来源，绝大多数的中药材都可以用作植物染料。根据性价比选材更为合适。另外，原材料的产地不同，收购和采集的时间不同，色素会有比较大的不同；提取的时间方法不同，结果也会差异比较大。常见的中药材染料有大黄、郁金、红色的藏红花、茜草、蓝色的青黛、黑色的五倍子等。

三、常见植物染颜色提取分类及其功效

常见植物染料颜色提取及功效，如图4-92所示。

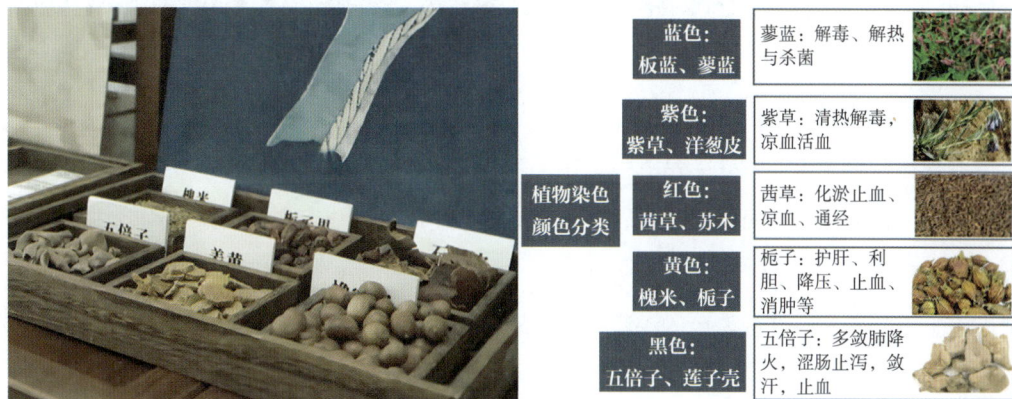

蓝色：板蓝、蓼蓝 —— 蓼蓝：解毒、解热与杀菌
紫色：紫草、洋葱皮 —— 紫草：清热解毒、凉血活血
植物染色颜色分类
红色：茜草、苏木 —— 茜草：化淤止血、凉血、通经
黄色：槐米、栀子 —— 栀子：护肝、利胆、降压、止血、消肿等
黑色：五倍子、莲子壳 —— 五倍子：多敛肺降火，涩肠止泻，敛汗、止血

图4-92

扎染古称"绞缬",是植物染色的一个重要类型。扎染的生产工艺分为扎结和染色两个部分。通过纱、线、绳等工具对织物进行扎、缝、缚、缀、夹等多种形式组合后再进行染色。其目的是对扎结部分起到防染作用,扎结部分保持原色,未被扎结部分均匀受染,从而形成深浅不均、层次的色晕和皱印。

一、扎染步骤

包括画刷(设计)图案、绞扎、浸泡、染布、蒸煮、晒干、拆线、漂洗、碾布等,其中绞扎手法和染色技艺是关键。图4-93是主要的步骤及其作用。

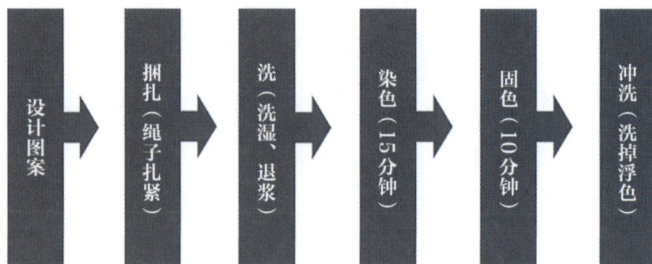

设计图案 → 捆扎(绳子扎紧)→ 洗(洗湿、退浆)→ 染色(15分钟)→ 固色(10分钟)→ 冲洗(洗掉浮色)

图4-93

二、决定扎染效果的因素

一是扎结的力度,如图4-94所示;二是染色时间的长短,如图4-95所示,是同一染缸同类型面料左边浸染时间长,右边时间短;三是颜色的浓度。

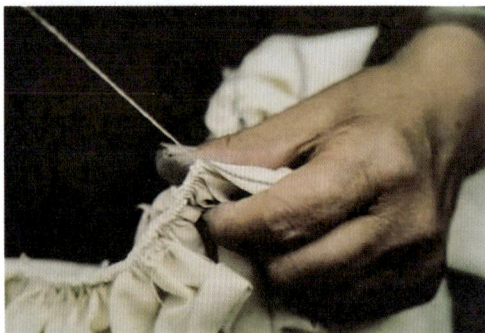

图4-94

图4-95

三、扎花工艺

扎花是以缝为主、缝扎结合的手工扎花方法,即在布料选好后,按花纹图案要求,在布料上分别使用撮皱、折叠、翻卷、挤揪等方法,使之成为一定形状,然后用针线一针一针地缝合或缠扎,将其扎紧缝严,让布料变成一串串"疙瘩"。利用扎缝时宽、窄、松、紧、疏、密的差异,造成染色的深浅不一,从而形成不同纹样的艺术效果。常见的扎花方法如图4-96所示。

缝扎法

夹板法

打结法

折叠法

卷扎法

捆扎法

图4-96

四、浸染工艺

将扎好"疙瘩"的布料先用清水浸泡，再放入染缸，或浸泡冷染，或加温煮热染，经一定时间后捞出晾干，然后将布料放入染缸浸染。如此反复浸染，每浸一次颜色便深一层。浸染到一定程度后，最后捞出放入清水，将多余的染料漂除，晾干后拆去缬结，将"疙瘩"挑开、熨平整，被线扎缠缝合的部分未受色，呈现出空心状的白布色，便是"花"；其余部分呈深蓝色，即是"底"，便出现蓝底白花的图案花纹。缝线部分染料浸染不到，自然就成了花纹图案，又因缝扎时针脚不一、染料浸染的程度不一，最终效果带有一定的随意性。

五、扎染服装设计创意

利用工艺特点进行创新是扎染服装创意设计的重要途径。图4-97是"水墨晕变"的效果，图4-98是通过数码印花技术对水墨晕变进行逆向模仿获得的全新的潮流款式。扎染工艺本身最终呈现的效果具有随机性，这也是其工艺独特的魅力所在。打破固有思维，利用扎染工艺的特点进行创新是近年来众多服装设计师希望突破的重点领域，但受限于设计习惯，扎染工艺多表现在礼服、汉服以及文创类休闲服和民族服装。如图4-99所示，该系列作品是广东职业技术学院2019级学生通过采风课程，在云南大理喜洲学习扎染后，大胆突破常规，将扎染工艺效果运用到运动类的服装上，从效果图来看非常新颖，也很有内涵，再结合功能和结构的恰当运用，未必不是下一季度的"爆款"。扎染服装创意设计务必认真分析其工艺特点和文化属性，并发挥其工艺特征，大胆创新，跨界、跨品类地去突破，可以创作出很多优秀的服装设计作品。

图4-97

图4-98

图4-99

蜡染是用铜刀、养壶笔或毛笔（排笔）蘸蜡液在布上画出纹样，待蜡液凝固，自然或人为生（做）成微妙的裂纹后，放入染缸着色。涂蜡的部分不着色，呈其本色，而未涂蜡的部分和蜡的裂缝中染料渗透则染成纹样。经沸水煮去蜡质，水洗后花纹如画。

一、蜡染的材料及工具

1. 着色面料

以麻、棉等天然纤维织物为主，质地轻柔，透气性好，越洗越鲜艳。

2. 染色材料

主要有化工染料和植物染料，其中植物染料主要就是前文提到的植物萃取的染料。

3. 防染剂

图4-100是蜡染防染剂分类图。

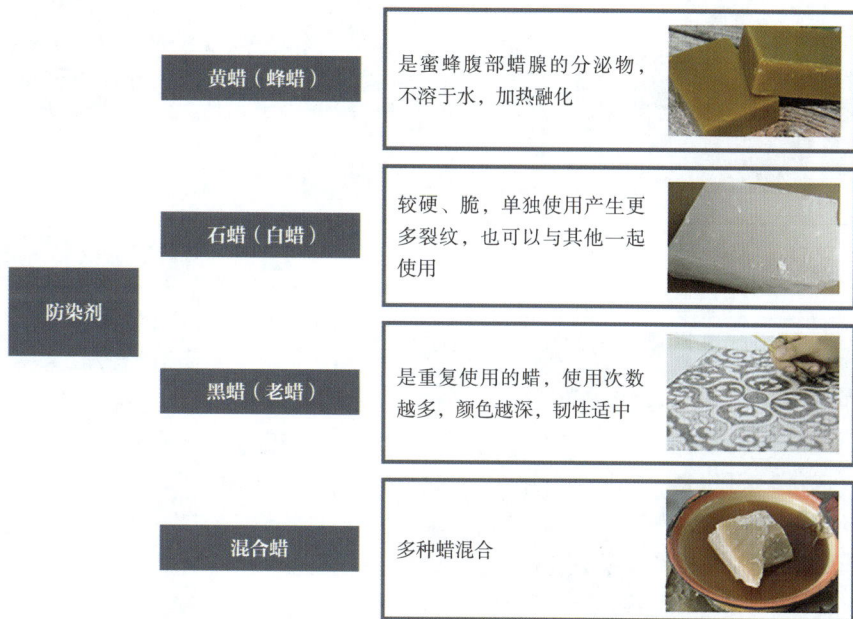

防染剂	黄蜡（蜂蜡）	是蜜蜂腹部蜡腺的分泌物，不溶于水，加热融化
	石蜡（白蜡）	较硬、脆，单独使用产生更多裂纹，也可以与其他一起使用
	黑蜡（老蜡）	是重复使用的蜡，使用次数越多，颜色越深，韧性适中
	混合蜡	多种蜡混合

图4-100

4. 画蜡工具

主要是画刀，一种自制的铜刀。因为用毛笔蘸蜡容易冷却凝固，而铜制的画刀便于保温。铜刀是用两片或多片形状相同的薄铜片组成，一端缚在木柄上，刀口微开而中间略空，以易于蘸蓄蜡。其原理是借铜传热保温用以作画。画刀有半圆形、三角形、斧形等，如图4-101所示。

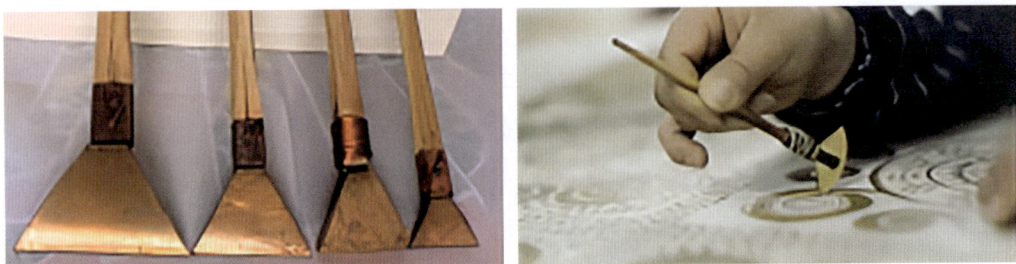

图4-101

二、蜡染工艺流程

蜡染工艺流程及具体操作方法如图4-102所示。

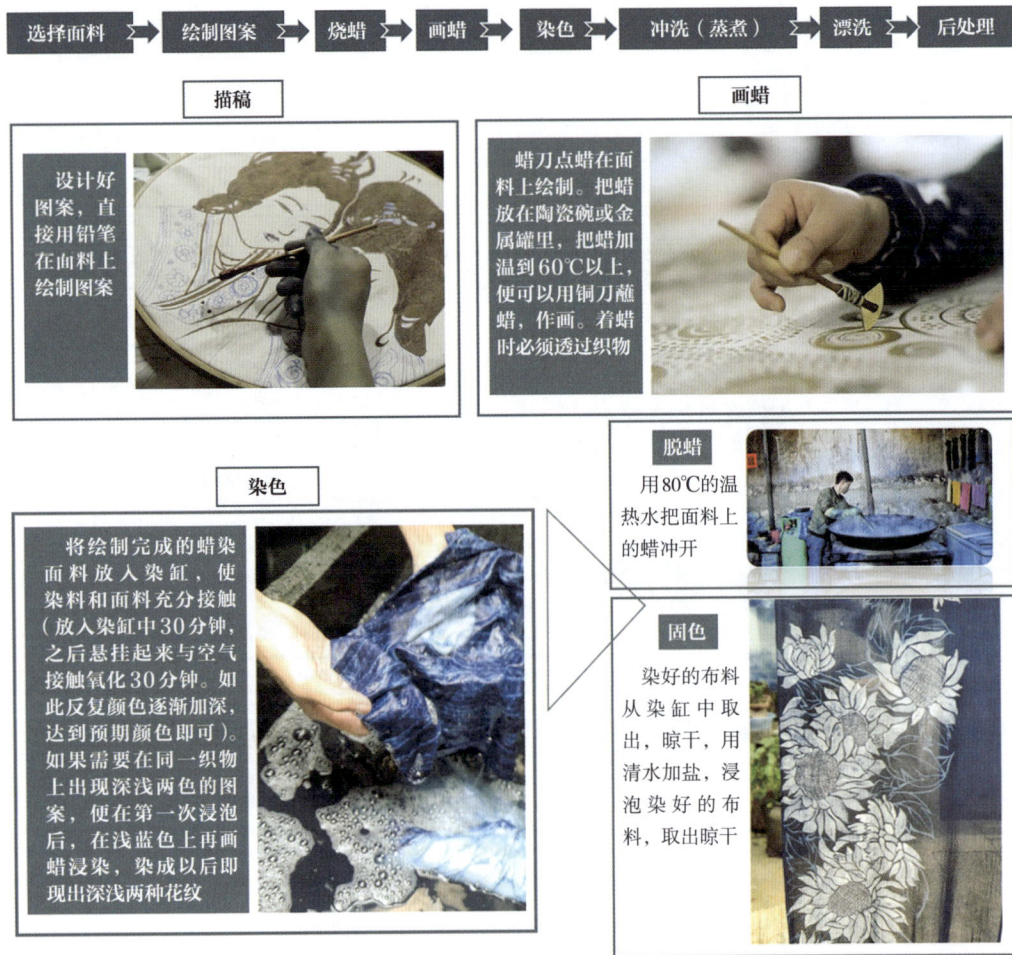

选择面料 → 绘制图案 → 烧蜡 → 画蜡 → 染色 → 冲洗（蒸煮） → 漂洗 → 后处理

描稿

设计好图案，直接用铅笔在面料上绘制图案

画蜡

蜡刀点蜡在面料上绘制。把蜡放在陶瓷碗或金属罐里，把蜡加温到60℃以上，便可以用铜刀蘸蜡，作画。着蜡时必须透过织物

脱蜡

用80℃的温热水把面料上的蜡冲开

染色

将绘制完成的蜡染面料放入染缸，使染料和面料充分接触（放入染缸中30分钟，之后悬挂起来与空气接触氧化30分钟。如此反复颜色逐渐加深，达到预期颜色即可）。如果需要在同一织物上出现深浅两色的图案，便在第一次浸泡后，在浅蓝色上再画蜡浸染，染成以后即现出深浅两种花纹

固色

染好的布料从染缸中取出，晾干，用清水加盐，浸泡染好的布料，取出晾干

图4-102

三、蜡染技巧

技巧：画蜡温度一般在65℃，蜡刀装蜡不要太满，蜡刀从蜡锅到布料要保持平衡。染

色前，染缸内加入靛蓝、熟石灰及水（1：2：100）调和存放1~2天，发酵出色成为熟缸。

彩色蜡染：先在白布上画出彩色图案，然后用蜡"封"起来，浸染后便现出彩色图案；先一般蜡染，再在白色的地方填上色彩，如图4-103所示。

图4-103

冰裂纹效果，如图4-104所示。当作品放进染缸浸染时，有些"蜡封"因折叠而损裂，便产生天然的裂纹，一般称为"冰纹"。"冰纹"是蜡染的灵魂所在。先用冷水清洗浮色，然后将布置入清水中煮沸，布上就会显现出蓝白分明并带有"冰纹"的图案。余蜡可用电熨斗去除。

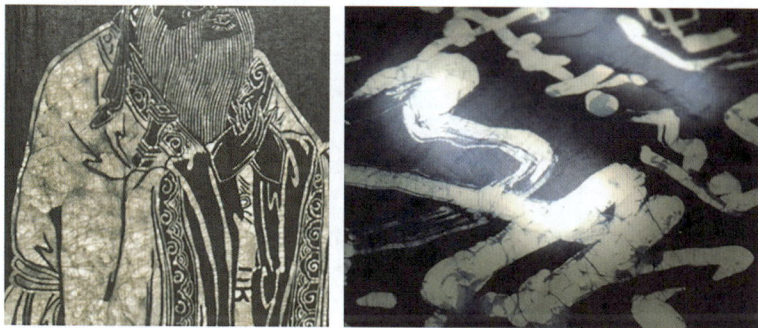

图4-104

项目六
3D打印工艺原理与应用

3D打印技术最早出现在20世纪90年代中期，早期主要在模具制造、工业设计等领域被用于制造模型。随着技术的不断进步和发展，现在逐渐被应用到航天科技、汽车制造、工业产品、医疗器械、时尚产业等领域。虽然现在很多领域都有 3D 打印产品出现，但 3D 打印技术总体还不够成熟，如打印材料、打印设备都有局限，且时效和成本较高。目前普遍认为 3D 打印很难适应大规模生产，但的确更适合一些小规模制造，尤其是高端的定制化产品，如牙医、珠宝、医疗、航天、高端时尚定制等领域。

任务一　3D 打印的概念及原理

一、3D 打印技术

3D 打印，即快速成型技术的一种，又称增材制造。它是一种以数字模型文件为基础，运用粉末状金属或塑料等可黏合材料，通过逐层打印的方式来构造物体的技术。

日常生活中使用的普通打印机可以打印计算机设计的平面物品，而所谓的 3D 打印机与普通打印机工作原理基本相同，只是打印材料有些不同。普通打印机的打印材料是墨水和纸张，而 3D 打印机内装有金属、陶瓷、塑料、砂等不同的"打印材料"，是实实在在的原材料，打印机与计算机连接后，通过计算机控制可以把"打印材料"一层层叠加起来，最终把计算机上的蓝图变成实物。通俗地说，3D 打印机是可以"打印"出真实的 3D 物体的一种设备，如打印一个机器人、玩具车、各种模型，甚至是食物等。之所以通俗地称其为"打印机"，是因为其参照了普通打印机的技术原理，分层加工的过程与喷墨打印十分相似。因此这项打印技术称为 3D 立体打印技术。图 4-105 的整个鞋以及图 4-106 的鞋底都是 3D 打印完成的。

图 4-105

图 4-106

二、3D 打印的流程

3D 打印主要包括三维设计、切片处理、完成打印三个步骤，如图 4-107 所示。

3D 打印的设计过程是先通过计算机建模，再将建成的 3D 模型"分区"形成逐层的截面即切片，再将切片数据传输到打印机并进行逐层打印。设计软件和打印机之间协作的标准文件格式是STL文件格式。一个STL文件使用三角面来近似模拟物体的表面。三角面越小，其生成的表面分辨率越高。

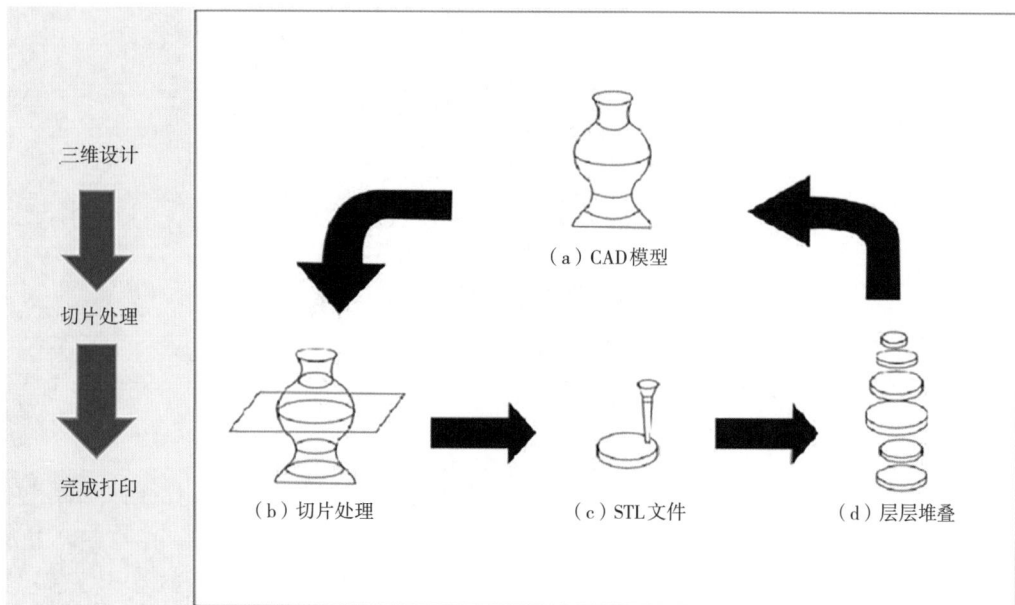

图4-107

3D打印机通过获取文件中横截面的信息，用粉状或片状，甚至液状的材料将这些横截面逐层打印出来，再将各层截面逐层堆砌，从而形成一个三维实体。这种技术的特点在于几乎可以造出任何形状的物品。用传统方法制造出一个模型通常需要数小时到数天，需要根据模型的尺寸以及复杂程度而定。而用3D打印技术则可以将时间缩短为数个小时，当然其是由打印机的性能以及模型的尺寸和复杂程度而定的。传统的制造技术如注塑法可以以较低的成本大量制造聚合物产品，而3D打印技术则可以以更快、更有弹性以及更低成本的办法生产数量相对较少的产品。一个桌面尺寸的3D打印机就可以满足设计者或概念开发小组制造模型的需要。

3D打印机的分辨率对大多数应用来说已经足够（在弯曲的表面可能会比较粗糙，像图像上的锯齿一样），要获得更高分辨率的物品可以通过如下方法：先用当前的3D打印机打出稍大一点的物体，再稍微打磨表面即可得到表面光滑的"高分辨率"物品。

任务二 **3D打印在服装领域的应用**

荷兰时装设计师Iris Van Herpen，从2007年开始就致力于用最激进的材料和服装构造方法进行服装设计，并融入其独特的审美。图4-108是一件类似于骨架结构的迷你裙，裙子本身是采用白色合成聚合物进行3D打印而成，并于2012年被纽约大都会艺术博物馆收藏。

笔者认为，服装作为艺术作品其首创性在服装艺术领域具有划时代意义，并被服装史铭记。而其后来的众多作品通过3D打印与服装工艺的结合在人体机能方面的不断尝试，使其作品走向成熟的并真正被大众所接受。图4-109是Iric为佐伊·克拉维茨（Zöe Kravitz）在英国*VOGUE*杂志拍摄所设计的"灵魂转换"时装。她将3D打印技术与服装结合，在0.8mm的薄纱上呈现出最佳的柔软度。进行3D打印时利用材料内部的应力使打印元件变形，后经工艺处理才获得最终的形状，这种设计融合了精确控制的数字建模和难以预测的变形特质，让作品呈现出艺术与技术结合的独特魅力。

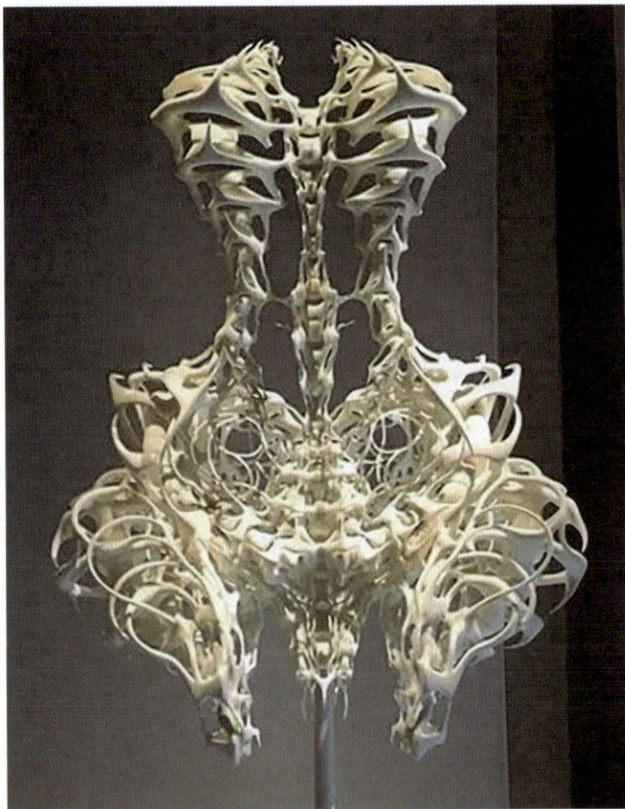

图4-108

图4-109

课后思考与练习

1. 根据自己的设计系列，绘制服装工艺分解图。

2. 根据以上学习掌握的印花工艺内容，绘制思维导图。

3. 根据以上学习掌握的植物染工艺内容，绘制思维导图。

课后拓展

扫二维码可见3D打印技术视频。

3D打印技术视频

第 5 部分
设计作品的演绎与数字化表达

课前准备： 1. 预习第5部分内容。

            2. 构思符合自己毕业设计系列风格的拍摄效果并找出参考图片。

课时分配： 项目一　服装系列的拍摄　6课时

            项目二　毕业设计作品的展示　6课时

重　　点： 1. 服装拍摄策划。

            2. 3D虚拟服装设计。

            3. 3D虚拟服装展示。

难　　点： 1. 服装拍摄中的色彩美学。

            2. 拍摄策划后期执行。

            3. 服装拍摄组织。

项目一
服装系列的拍摄

　　服装大片拍摄是呈现服装设计师设计作品的一种形式。通过拍摄组织、拍摄手段及后期制作将设计作品以视觉化语言进行输出，好的拍摄能更加完整地展示设计作品的理念、风格及艺术魅力。在服装系列设计作品的实践中，特别是毕业设计作品的创作实践中，服装拍摄是重要的实践创作环节。

任务一　服装拍摄组织与策划

　　服装拍摄的组织与策划，是服装大片拍摄的关键环节。服装拍摄的所有环节服装设计师未必都具体参与，但拍摄的组织与策划是设计师作为拍摄对象的创作者、作品风格的定义者、设计理念的传播者必须具备的能力。好的拍摄组织与策划是服装大片的拍摄与制作有序进行和拍摄质量把控的基本保障，是服装作品设计理念的传导和艺术水平高低的关键因素。无论是品牌的还是一般的服装产品拍摄，服装设计师都是服装拍摄组织与策划的关键人物。

一、服装拍摄人员构成

　　一般包括编辑、摄影师、造型师、模特、服装助理等。编辑（策划者），一般由所拍摄的服装作品的设计师担任，根据设计作品确定拍摄主题、风格、摄影师、模特类型、化妆造型、场地、道具等。摄影师，需要有较好的专业技术能力和审美水平，能根据设计师的要求拍摄服装大片并提高拍摄建议，服装形象大片一般选用擅长创意拍摄的摄影师；另外，一般还有摄影师助理，主要协助摄影师进行验光、测光、打光、道具现场摆放等辅助工作。造型师，根据设计主题进行相对应的妆容设计，模特较多的情况下还会有造型师助理进行现场化妆或协助造型师化妆造型。模特，需要根据作品风格选择模特风格类型，一般要求表现能力强、具有时尚感，根据拍摄策划和需要决定模特人数。服装助理，协助拍摄整理衣服和模特现场穿衣以及整理道具等辅助工作。

二、拍摄策划前期方案

　　主要包括：毕业设计主题介绍、毕业设计风格说明、毕业设计作品照片、模特风格选择、拍摄场地设置、拍摄道具设置、拍摄构图参考、模特妆容参考、服装大片呈现参考。

　　其中，模特选择需要考虑模特的形象气质特征是否符合作品风格，还需要了解模特的拍摄经验和擅长拍摄的风格类型。拍摄场地一般分为棚拍和外景。棚拍，能够比较好地控制光源、方便更换背景和道具、拍摄时间自由，方便多个系列拍摄。外景拍摄，可以完成棚拍达不到的自然光影和场景效果，但拍摄时间会受到限制，拍摄光源难把握，拍摄准备需要更加充分，一般一组场景只适合拍摄一个系列风格的服装；另外，外景拍摄的场地一定需要事先考察选好拍摄场景，考虑角度、光影等综合因素，拍摄当天的天气情况也需要注意。拍摄道具分两类，一类是场景道具，另一类是服装模特搭配道具。

图5-1是广东职业技术学院服装学院2022届部分毕业设计作品棚拍场景1的拍摄策划方案，该部分服装作品风格偏东方意蕴的新中式。方案中采用白色、浅色背景，冷色调，道具主要是石头、镜子、水墨等传导系列作品主题，妆容选用略带朦胧感的新中式又不失时尚，动作参考方面以优雅和略带舞蹈感为主，加上局部特写便于表达服装的细节和材质特征。

场景1　　　　　　　　　　　　　场景1与对应衣服　　　　　　妆容参考

画面元素　　　　　　　　　　　　　　　　　　　　　　　发型参考

图5-1

图5-2是广东职业技术学院服装学院2022届部分服装毕业设计作品棚拍场景2的拍摄策划方案部分，该部分服装作品风格总体为未来科技风，系列作品主题围绕科技探索和未知的思考展开。场景采用蓝红色背景，整体偏暗沉，体现科技感觉的同时表现神秘感。道具参考有发光眼镜、花。化妆造型参考上突出未来属性，强调眼部金属感。动作参考上动态幅度更加活跃，拍摄角度也更大，局部特写体现科技与人文的对话。

场景2

场景2灯光参考

场景2与对应衣服

妆容参考

场景2与对应衣服：
"时代产物" 陈美璇 吴姗姗

妆容参考

发型参考

动作参考

发型参考

图5-2

三、拍摄策划后期执行

前面所说的部分实际是拍摄方案的一个协商确认的过程，如图5-3所示。拍摄方确认之后就可以开始进行服装搭配了，服装搭配组织也是拍摄的一个重要环节。在拍摄之前服装的搭配大多还是依据效果图进行，在拍摄阶段可能会发现服装搭配的方式可以更丰富一些，系列服装各套衣服可以进行混搭，也许还会有意想不到的效果。搭配完成后需要模特先进行试穿以便确定具体哪套服装更适合哪一个模特。拍摄制景也是非常重要的环节，用简单的色调和色板来制景会比较单调、空洞，一般还需要一些道具来丰富画面并呼应服装主题。

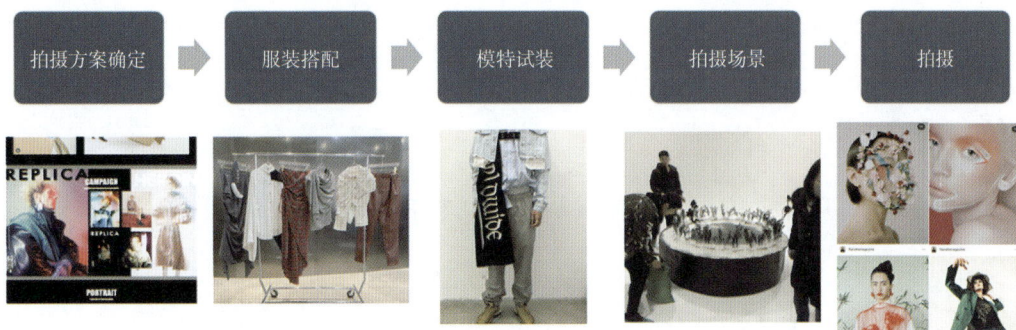

图 5-3

任务二　服装拍摄中的色彩美学

服装设计语言主要通过服装的各要素进行表达，其中色彩占据主要的位置。在服装设计中，色彩起着视觉醒目的作用，人们首先会看到服装颜色，其次才是服装造型，最后是服装材料和工艺。服装色彩作为服装的重要组成部分具有十分重要的意义，服装拍摄中，色彩的运用亦是如此。在服装拍摄中，无论是拍摄搭配、置景和打光以及后期修图，服装色彩知识的运用都起到非常关键的作用。

一、色彩的三属性

一个好的服装拍摄大片离不开色彩的运用。色彩的三属性分为色相、明度和纯度。三属性是感官识别色彩的基础。三属性的变化是设计色彩运用的基础。色相是色彩的首要特征，是区别各种不同色彩的最准确的标准，色相主要是冷暖关系，而明度、纯度是色调的关系。不同的颜色会有不一样的视觉感官，如红色可以传递温暖、热情的感觉，而蓝色像天空、海洋，传递着广阔、高深、沉浸的视觉效果。

二、色彩分类

如图 5-4 所示，页面上有两组颜色，上下两组的颜色是一样的，只不过排列的次序不一样。下面这组颜色更能区分颜色的色相关系、冷暖关系，颜色看起来更加舒适美观、有节奏，而上面这组颜色就显得杂乱无章。

图 5-4

三、色调分类

根据明度、纯度可以分为 4 个色调，包括亮色调、中色调、暗色调和纯色调。根据色调图（图 5-5），0 度和纯度的区分在上方分为淡色调、浅色调和明亮色调；中间颜色为偏浅灰色调、轻柔色调等；最右端为鲜艳色调，它比下方的纯度偏高一些；再下方的属于暗色调范畴。

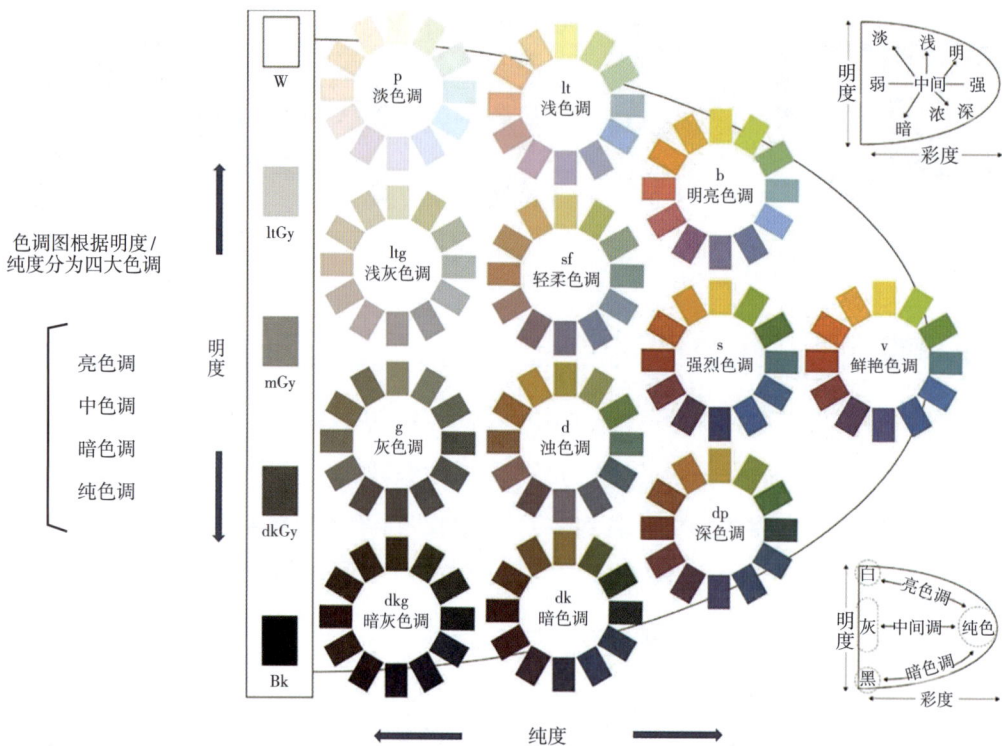

图 5-5

图 5-6 是色彩调性管理视窗，它是根据纯度的冷暖关系还有冷艳关系，包括明度的深浅关系在风格上做的区分。可以看到在浅明度上方可以分为清爽清新、可爱伶俐、浪漫清纯；在冷艳度上方可以分为个性清冽和帅气摩登；在下方可以分为古典庄重、华丽丰润等。其实，这是根据颜色的明度和纯度做的色彩调性的区分，每一个或每一组色彩的风格和趋势都可以在上面找到属于它自己本身风格的颜色区域。设计效果的表现需要综合运用多种手段实现，如要做一个可爱伶俐的色彩效果，而服装本身颜色已经确定且并不是非常的浅，这时可以通过廓型和一些装饰性的细节来实现可爱宁静的效果，可加入一些褶皱元素、一些装饰性的小零件等，也能达到可爱宁静的效果。

图 5-7 是 LV 男装发布的秀场图组，它的颜色非常清爽、清新，总体色调是低明度、低纯度、冷多暖少的状态，结合色调管理图可以清晰地看到它所处的一个位置区域。图 5-8 是 GUCCI 的一组秀场发布图，这组作品看上去都比较庄重，具有非常浓郁的古典气息，从色调上来看，它的纯度适中，明度方面略偏高，冷暖适中。

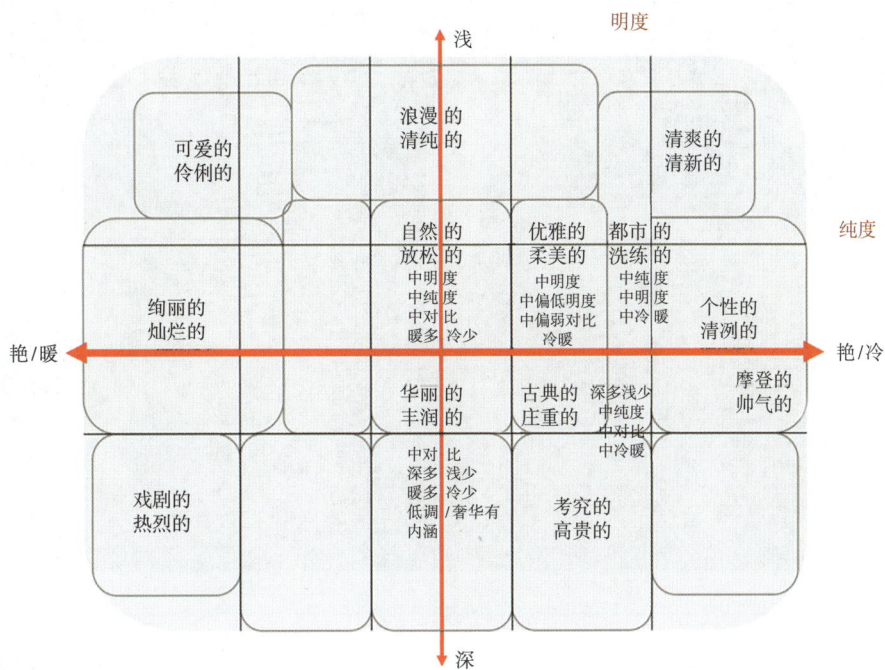

图5-6

图5-7

图5-8

图5-9是广东职业技术学院2022年中国国际大学生时装周的宣传海报，海报上的模特穿着的衣服比较偏向科技感也比较个性，它在色彩上属于个性清冽的状态，中明度、高纯度，冷多暖少的位置再通过海报上的色彩范围，总体来看体现出一种摩登现代的感觉。服装色彩美学能力可以通过多看秀场图片和时尚杂志来提升。

图5-9

任务三　服装拍摄的动态与妆容

一、服装拍摄的动态

在服装拍摄中，动态的选择往往与设计作品传递的理念息息相关。如何选择好的拍摄动态，需要根据服装设计的主题进行设计。

从拍摄案例"太空环游地球指南"进行分析。该系列作品的设计理念是受2019年初的快速射电暴（FRB）事件启发，开始思考地球文明与太空的关系。"在我的理念里，外星文明是一定存在的，由此我假定了一个全星系化的未来社会，届时会出现许多星际旅行者来地球观光，他们可能会以自己的视角来分析地球游客，然后伪装成他们眼中地道的地球游客潜入我们周围。因此，我的设计主体表达的是外星人眼中的地球游客，不同视角之间的差异造成了翻译和信息传递间滑稽的误差。"

图5-10是外星人正在太空船里面观望地球，正在思考太空船还有多久到达地球，包括后期加入的一些文字和图案、图形为外星人来地球做铺垫，还包括一些激光扫描的视效很好地诠释了外星人和地球人的异同。之后外星人到达地球，伪装成地球人进行拍摄，三个外星人形态各异，在这些中式建筑景观面前拍照、合照，非常的混搭似乎在模仿且又自然（图5-11）。

图5-10

图5-11

二、服装拍摄的动态与妆容

服装摄影在妆容的选择上，需要以服装设计作品为载体，根据设计风格进行妆容设计。妆容的类型很多，目前比较流行的妆容主要有：国风妆容、日系妆容、韩系妆容、欧美妆容、Y2K妆容等。例如，一些充满未来感的服装作品拍摄可以选用Y2K类型的妆容，一些俏皮可爱的服装作品拍摄可以选用亮丽的眼影等。

还是以"太空环游地球指南"的妆容为例，如图5-12所示。我们将拍摄作品的面部细节放大，可以看到它采用的是银色眼影、银色的嘴唇，总体是以银色为主的面部妆容效果，突出未来科技感。在发型的处理上，采用的湿发效果也切合主题。

图 5-12

图 5-13 是赵锐老师的设计作品，获得"汉帛杯"金奖，该作品以保护动物为主题，颜色以紫色为主，作者希望大家能够更多地关注作品本身，所以采用的是裸妆，颜色上略微处理了一些紫色，也是希望和作品本身能够衔接。

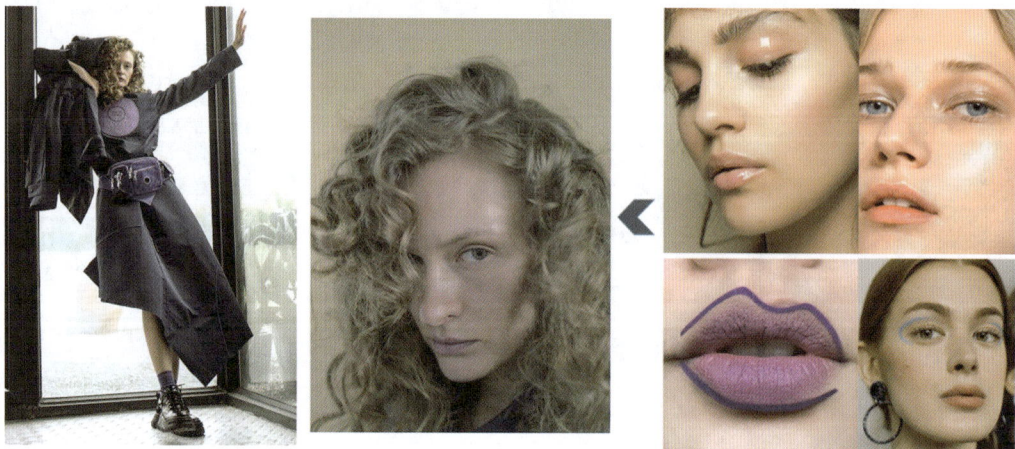

图 5-13

妆容的类型除了前面提到的几种，还有唯美风、复古风等。采用什么类型的妆容关键是要对自己作品本身的风格和希望表达的主题理念有清晰的认识。另外，拍摄的动态多种多样，更多的动态也是为了让作品能够呈现的调性更丰富。

项目二
毕业设计作品的展示

毕业设计作品展示可以分为静态作品展、动态作品展（秀场发布）、3D虚拟展示等。服装毕业设计作品汇展是毕业生大学学习成果的完整呈现，学校可以通过毕业设计展演向社会展示办学成果，从而扩大办学影响力。对于学生而言，通过毕业设计作品汇展，可以让学生了解服装作品汇展中的成本内容和计算方法，同时通过服装毕业汇展展示自己的学习成果并联系企业，从而搭建就业和创业沟通交流平台。总之，服装毕业设计作品展示是学校服装专业人才培养质量面向社会的大检验，是服装专业教育教学改革和人才培养质量的要求。

任务一 静态展演

服装静态展示又可以为两种形式：毕业设计作品答辩静态展示、毕业设计作品静态展示。到了毕业季，各服装院校会根据自身条件和需要，采取静态展、动态展以及3D虚拟展示的方式进行毕业设计作品展示。

毕业设计作品答辩静态展示是最基本也是最常用的静态展示。一般学校会安排静态模特进行作品展示，人台作为静态展示的道具，答辩时需要将毕业设计作品在准备好的人台上搭配好。当然，也可以选择真人模特对作品进行展示。不管是哪种展示，都必须完整搭配出服装的完美形态，如穿着方式、饰品搭配等。一般设计师会以自己作品最完整的形式向答辩组教师展示自己作品的服装设计意图。答辩过程限定在一定的时间内，要求设计师对作品进行说明，在介绍作品时尽量使用专业词汇，将设计灵感、设计构思、实施过程、遇到和解决的问题，以及具体设计中采用的色彩、材质、工艺、细节以及设计定位和着装场景等通过答辩与教师进行交流。另外，也有的学校会邀请企业资深设计人员作为答辩组成员，这样也能够给学生一个展示自我的机会。

服装毕业设计作品静态展示是将毕业生的设计作品汇集一处，进行静态展示（图5-14）。静态展示中，首先要从整体毕业生作品的状态提出整体的会展思路、场地规划以及经费的落实。对于毕业生个体参展，学院一般会给出统一的展览要求，其中包括具体的展位分配、布展时间节点、正式展出时间段、作品维护、安全须知以及相关展览期间的活动安排和对展览物品尺寸等的统一规定等。对于设计师个体，要尽可能地在遵守布展相关统一要求的前提下，强化自己的设计意图，可以通过一定的道具和装饰品来丰富作品，也可以通过展示实验和制作过程、喷绘作品拍摄大片、播放作品动态视频等辅助形式来表达。图5-15、图5-16是北京服装学院2018年纺织品设计专业学生作品静态展。可以看出，年轻的设计师都是尽可能地在有限的空间将自己的作品表达的理念和创作的过程通过视觉和材料语言进行传递。图5-15的作品除了模特展示植物染作品，还用植物染面料作为挂件进行氛围装饰。图5-16主要是面料的染色和材料的拼接再造进行的设计，设计师利用了空间视觉的语言进行空间的装饰，布置出一个浪漫而富有情绪的视觉空间来强调创作的理念。

在静态展示中，观众既有同届的学生，也有小一届的学生和毕业的师兄师姐们，还有学校的老师以及企业人士过来观看。如果静态展示的场地是展览馆或陈列馆的话，观众则来自四面八方，作品得到评价的机会也就越多。另外，静态展示可以通过橱窗的形式将服装的设计意图进行展示。橱窗设计中设计主题、表现形式、选用道具、灯光、是否采用模特以及成本核算都是学生必须考虑的问题。随着技术的进步，3D虚拟服装的静态展示也在服装毕业设计作品展示和服装的零售领域逐渐得到应用。图5-17、图5-18是POP

图5-14

图5-15

图5-16

图5-17

图5-18

时尚网站关于2023～2024年秋冬季羽绒服装流行趋势的预测，虚拟时尚就是其中重要的内容之一。

任务二　服装动态展演组织与策划

一般校内的毕业设计动态作品展示主要面向的观众是学校的领导、老师、学生，以及企业代表和赞助商等。另外，还有大学生时装周，就是把一些较好的服装院校的毕业生作品，以各院校为单位，集中在一个时间段内进行专场发布。大学生时装周是一个更大的展示平台，它通过新闻媒体专门报道、图文直播、视频直播，甚至电视台现场直播的方式进行发布。广东国际大学生时装周和中国大学生国际时装周，都分别举办了十多年，已经成为广大服装专业师生和群众心中的品牌，大学生时装周除了走秀专场发布，还会配套举办系列活动，包括企业招聘、师生访谈、优秀作品评选等形式。图5-19是2016年中国国际大学生时装周广东职业技术学院专场发布的谢幕场景。

图5-19

无论是校内毕业生服装作品发布还是校外时装周毕业生作品发布，动态展演都是最主要和最核心的内容。一场秀的表演时间在30分钟左右，时间再长会视觉疲劳，根据各院校服装专业学生毕业设计作品的数量来看，并不是所有毕业生作品都能在T台上进行演出。要在T台上进行作品展的学生，会更加在意自己的作品在舞台上如何去展示、如何表现最佳的状态、采用什么类型的音乐、需要什么样的道具、灯光，以及妆容和走秀造型都需要考虑，这就要从观众的角度思考、从发布主题的构想上进行策划，并且动态展现涉及场地空间、灯光设备和音效设备、模特编排、穿衣化妆、后勤服务、安全保障、物质保障、宣传媒体及嘉宾观众等多方面的因素。一场好的服装动态作品涉及人、财、物等多方面的因素，所以一场专业的毕业生作品发布需要有一定的规模和基础才能较好地完成，并且一般是由老师统筹，师生共同参与、协力完成。

如图5-20、图5-21所示，是广东职业技术学院服装学院2021校内时装周暨2019级毕业生设计作品。其活动方案的基本框架扫码可见。

活动方案

图 5-20

图 5-21

动态展演的各个环节

一、场地

毕业设计的秀场表演，可以是固定的 T 台场地，也可以是校内或校外，如借用现成的楼梯廊道或者公园，也可以是典型的建筑物或门厅等，这些都可以通过发挥创意来进行组织和策划，但必要的安全考虑、走秀节奏、光影效果、试衣换装及化妆等现实条件必须要考虑进去。如果是室外，天气因素也务必重视。非专门的表演 T 台演出，一般会选择晚上进行，或者黄昏，这样方便控制灯光。即便是室内专门的 T 台表演，伸展台的布置形式也可以进行创新设计组件，当然这个需要相当多经费的支持。场地不同，T 台也不同，以2019年中国国际大学生时装周中央大厅的 T 台为例，长 17.8m（不含背板宽）、宽2.4m。

二、作品挑选主题确定

毕业设计作品发布会的主题确定，是根据当年毕业设计任务书的毕业设计作品对设计主题和方向的概括和凝练，也可以是通过在毕业设计作品中挑选出来的优秀作品的整体风貌进行确定，无论哪种形式，关键是主题能够很好地反映和突出作品，让观众产生认同和共鸣。一般30分钟左右的表演，需要80～100套的服装。当然服装的数量不仅与演出时间和 T 台长度有关，还与表演的形式有关。一般单个滚动出场需要100套左右的服装，以系列形式出场需要80～90套的服装。单个滚动出场的演出，整场表演的连贯性会更好，带入感更强烈，适合作品风格偏向单一的发布。系列形式出场的演出，对系列作品的整体性和细节展示会更充分。

2021年广东职业技术学院服装学院的毕业设计作品发布主题是"跨·越"，"跨·越"新起点、新征程。展演的服装涵盖了运动功能与时尚、民族传承与创新、概念设计与未来探索、国潮休闲与街头时尚等多种风格元素，展现了"00后"设计师在新起点、新征程上的思考和主张。如图5-22所示，最左边的作品有古代的借鉴汉字、中国朝代、结构等服装语言；中间的作品简洁、符号化，是关于当下社会问题的设计思考，主题是"安全出行"，明亮的警示色彩黄、斑马线、指示标识等符号语言都转化成服装的图案和结构细节语言；最右边的作品灵感来自中国航天事业快速发展下的安全思考，粉紫色充满对未来的想象，朋克设计样式的结构处理、头部的重启安全气囊以及配件荧光绿的袜子和绳索都针对未来太空安全展开。这是整个作品发布的主题灵感来源组成，古、今、未来都是从年轻设计师的视角和思考进行创作，都在进行服装语言的尝试，并希望获得突破和"跨·越"，跨越传统、跨越今天和明天。图5-23是和中国南方航空合作拍摄的一期关于航空主题的作品，并刊登在中国南方航空杂志上。

图 5-22

图 5-23

三、宣传策划与设计

一场时装动态作品展演的效果如何，宣传非常重要，没有观众或者观众少的发布会，意义淡薄。时装周的宣传策划包括，宣传海报、门票制作、邀请函、宣传展板、预热推文、在线作品发布、新闻推送、图文直播、现场直播或转播等，具体采取的形式依据媒体资源和自身宣传推广的团队实力决定。为了整体宣传推广的效果完整，一般会对所有发布的信息，如所使用的图形图像方面的 Logo,色调、文字信息方面如作品发布时间、地点、主题及主题理念等会有统一的规定和使用规范。

一般宣传海报作为整个宣传策划的核心图形和色彩氛围元素，需要尽可能地专门设计，并且吻合时装发布会的主题和创意构思，将服装作品的风貌通过图形和图像元素展示出来。无论是校内还是校外的宣传报道，基本的时间、地点、作品整体概况信息和作品的设计主题与理念是必须要表达的，并且尽可能地简要、直奔主题。

四、模特

模特是整个服装表演的承载者。一场服装表演是否成功很大程度上取决于模特的选择。模特的气质是否与整台表演风格相符，模特的体形是否符合要求，模特对所要表演的时装的理解是否恰当，都会直接影响演出效果。因此，选模特不是选长相漂亮的模特，而是要选符合整台服装表演气质、服装风格的模特。同时，模特的体形特点要符合服装的要求。针对不同的服装，对模特体形的要求也会不同，如表演较短裙子的服装，要求模特腿要细长；而对三围较突出的衣服，就要求模特的三围更加标准化。国风服装要求配气质婉约的模特，科技未来或者设计感强烈要求配五官比较立体、特征突出的模特。

一场发布会需要使用的模特数量，与T台的长度、走秀的出场形式（滚动单出还是系列为组出有关）以及后台与舞台的距离有关。一般30分钟左右的演出需要15个左右的模特；如果是系列组合，需要的模特会更多些。具体都需要通过彩排和依据编导检验来确定。由于时间的关系，模特发型、化妆一般都是统一的，如果要做特殊化妆和造型，需要在提前征得编导同意的情况下，另找模特（自备模特）。模特分配好之后需要提前试衣并定妆，特别要避免服装过松或者过紧穿不上。一旦模特确定就不能随意更换，参与具体演出的服装系列应在服从总体模特安排的前提下进行协商调整。

五、编排

编导在整台动态展示中起着非常重要的作用，一个好的编导是整台动态秀场节目质量的保障。前面提到，编排时要根据服装的设计和数量来决定服装的编排。模特需要的数量、出场是单个出场还是分组出场，哪些系列或者服装需要专门做表演造型。一般在整个服装表演排演中，会将最符合本场发布会主题或者比较好的系列作品放在开场，让观众马上就有带入感和强烈的视觉冲击力，让观众立即产生兴趣。编导的作用主要体现在对整台舞美的编排和构思，帮助模特分析服装、了解形体动作，并启发模特的情绪，同时安排模特的出场顺序、走位方式以及表演造型，让设计作品更好地展现，舞台效果饱满。另外，设计师是否需要谢幕，如何谢幕都需要编导来负责完成。

如图5-24所示，谢幕编导就要求设计师统一穿黑色外套进行谢幕，而模特先出，设计师再出，全部站定后，分两列进行谢幕，让整个场面显得宏大。如图5-25所示，编导要求设计师穿黑白相间的服装，同样是模特先出，设计师再出，模特分别站到T台下，设计师居中谢幕。这样也是为了让设计师能够在中国大学生时装周的大平台和媒体下有更多的展示机会。

图5-24

图5-25

六、灯光及音乐

灯光和音乐设备价值昂贵且容易损坏，一般由专业人士进行操作，也可以安排老师和学生进行操作，但必须经过培训。关于演出时的音乐有时可以是将多首曲子混编成一组音乐进行滚动播放，这种一般适合整场表演滚动演出连贯性非常高的发布；也可以根据具体的每个系列由设计师挑选，编导用统筹的方式进行。挑选的音乐必须与服装作品的情景和视觉感受契合，这样才能让作品更加形象生动。灯光的作用主要是烘托氛围、重点强调、制造情景、突出细节等。灯光方面，给什么色调的灯光，是否需要追光、补光或者进行定位打光等一般也是由编导来统筹指导，结合灯光师的经验共同完成。另外，设备比较完善的专业T台还会有投影或Led背景墙，通过电子背景墙的图形图像切换可以极大地丰富服装的视觉表现力，当然，什么样的背景效果视频或者图像的选择需要依据作品来确定。

如图5-26所示，左图是广东职业技术学院2021年校内时装周毕业生作品展示现场，该服装作品明显是太空主题且和中国航天相关，在背景的Led大屏的处理上就采用了充满未来感的视频画面；中间这张图是广东职业技术学院2021年北京中国国际大学生时装周专场发布的现场，开场暗场之后给红色定位灯，再慢慢拉亮光，烘托这组国风特点的作品；右图这组科技感强烈的服装为了体现材料特点，从图片上可以看到灯光师特地给了浅蓝色的追光。

图5-26

七、后台管理

为了保障整个走秀出场的流畅，后台管理非常重要，特别是当表演作品多的情况下，模特、穿衣工、谢幕设计师及化妆师等往往是几十甚至上百人。如何保障安全和有序，考验后台管理人员的协调能力。模特数量有限，走台中，一个系列的服装也就两三分钟时间，因此模特换衣需要快，应该提前把衣服搭配好，在走秀前一定要试穿，并让穿衣工以最快和最容易的方式穿脱衣服。在穿脱方便的基础上，把能固定在服装上的所有配件都尽量固定好。解开衣服上复杂的绳、带等系合物，方便穿衣。表演完后，需要迅速整理服装及配件，配件丢失是后台经常发生的事情。后台工作人员应多准备一些别针、小夹子、针线以及紧身或连裤袜、乳贴等，在排练和表演过程中难免会有意外发生，如部件脱落、裂开，临时更换模特导致服装过大或脱落等。

八、试衣和定妆

在正式表演或者彩排前一定要提前试衣，如图5-27所示。试衣首先是看服装作品是否和模特气质吻合，在所有模特都已经确定的前提下，可以在确定的模特中挑选符合作品风格和气质的模特，但一场秀，模特的穿衣套数是有限的，这种选择也必须在编导老师许可下进行调整。另外，试衣的同时需要进行模特出场次序的编排，包括以系列为组的出场，哪套先、哪套后一般由设计师或设计师咨询指导老师来完成，还有模特试衣也是避免服装过大过小模特穿不上服装的必要过程。试衣的同时一般会进行定妆，定妆是在模特试穿好服装，搭配好配饰的情况下进行拍照，确定穿着状态，在表演前都会将每位模特的定妆照打印出来，对应服装并夹在服装龙门架上，一般是一个模特整个表演出场需要穿的衣服都集中在一个龙门架或区域，并将定妆照挂或者固定在对应服装上。服装要按照模特的出场先后摆放、整理好。当所有表演的服装顺序确定好后，会将出场顺序表和模特定妆的总图粘贴在后台方便看到的区域，一般在后台出入口两边位置。最终的出场顺序表一经确定就不能更改，且后台管理、编导、催场、灯光、音乐及背景墙切换都会人手一份，对应进行表演现场的工作协调。

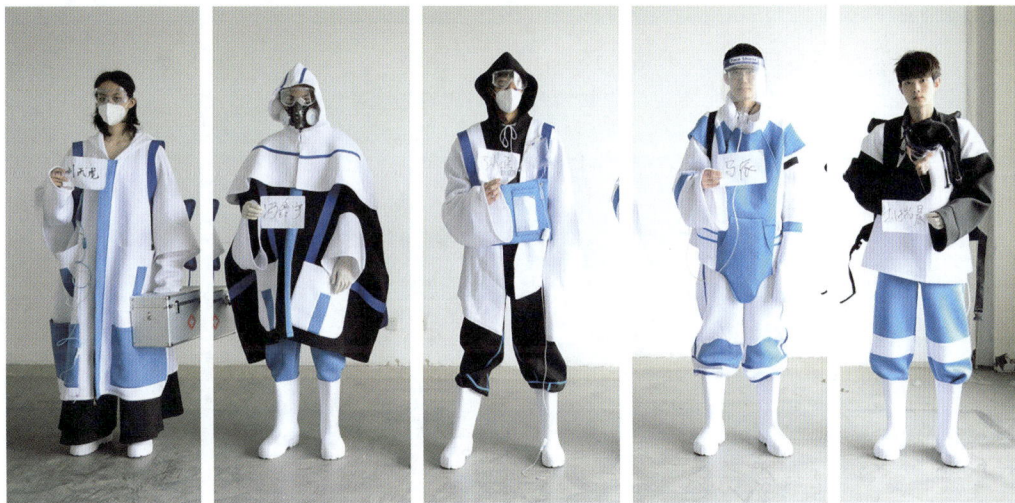

图 5-27

九、嘉宾邀请及企业赞助

一场表演需要耗费不少的人力、物力和精力，并且是服装设计专业学生大学学习的总结，一般需要邀请领导、嘉宾以及企业人士参加，也会邀请家长和其他同学、师长参加。对于重要嘉宾的邀请，需要精心设计制作邀请函，表演时间场地一旦确定，需要尽早提前确定嘉宾名单并邀请嘉宾。嘉宾入场一般还会安排专门的人员负责接洽，并安排礼仪人员引导入场，有领导嘉宾讲话或者作品评选的发布场次，还需要提前准备好嘉宾讲稿和主持人串词。

时装表演如果有企业的赞助会省下不少费用，减少一定压力。企业赞助一般会以冠名的方式进行赞助，可以一家也可以多家，赞助的形式可以是资金赞助，如提供赞助费或有作品评奖的提供获奖作品奖金等；也可以是以场地物资提供形式的赞助，如提供或租赁灯光音响设备、提供或租赁场地、舞台搭建、道具提供等；还可以是人力方面的赞助，如提供专业模特、提供化妆等。拉赞助需要资源，更需要耐心和沟通技巧，这是锻炼学生的一种方式，但无论何种赞助都需要得到动态演出负责人的同意或者院校负责人的同意，毕竟涉及宣传、版权、资金、安全等多个方面。

任务四　3D 虚拟服装设计与展示

随着虚拟现实技术的发展，服装展示和动态表演的3D虚拟现实技术应用也逐渐被大家所接受，并随着技术的不断成熟和发展，在可遇见的未来将会有非常广泛的运用空间。

近年来，不少服装品牌和时装院校都开始采用3D虚拟技术的形式进行时装发布。数字线上时装发布的形式很多，还没形成一些典型的模式或标准，但它已经成为一个流行的契机，并在"Z时代"群体的广泛接纳和"元宇宙"大背景的推动下，可以看到数字化服装的未来并不是天方夜谭。用虚拟服装来响应可持续发展，实现"零浪费"。现在很多设计师通过创新材料和科技让时尚变得更加有趣，服装不再单调（图5-28）。

图5-28

一、虚拟服装软件介绍

服装的3D虚拟现实技术目前有很多种，可以通过三维建模的方式进行虚拟现实、也可以通过VR场景的形式进行虚拟现实。通过3D建模的方式（图5-29），进行虚拟仿真的设计软件也有很多，Style 3D和CLO 3D是比较知名的服装设计类3D虚拟仿真软件，其中CLO 3D服装虚拟试衣软件由上海盈宁纺织科技有限公司与韩国CLO Virtual Fashion Inc.共同研发，并早在2009年1月就成功研发，经过多年不断地改进、创新，已经趋于成熟。而浙江凌迪数字科技有限公司的Style 3D发展迅速，非常高效、快捷，并获得多轮投资。

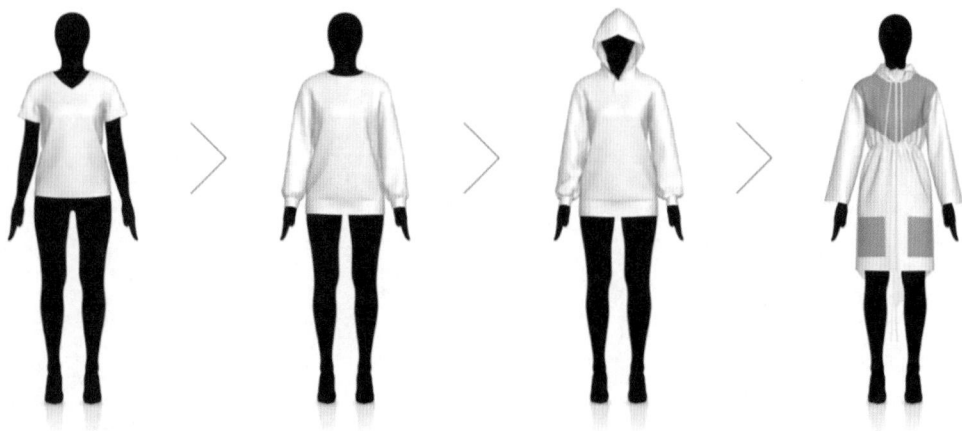

图 5-29

二、3D 软件给服装产业带来的变化

CLO 3D 的一大特点就是可以流畅地完成 3D 打板与 2D 打板之间的转换，设计师、板师既可以导入已有的 Dex 文档对其进行修改，也可以直接在 CLO 3D 中从零起草新的平面板型，还可以在虚拟模特上完成立体裁剪，而 3D 和 2D 的同步呈现也使整个过程更为高效和直观。相比较传统服装从平面打板到纸样生成、面料裁剪，再到服装缝制并试样，中间环节多、时间长，并且因为需要多次的板型试样调整而产生很多的浪费，特别是现在的消费时代越来越强调个性化、小批量的服装款式，3D 虚拟软件能高效减少服装打板试样产生的浪费，契合环保和时代需求。另外，通过 3D 虚拟软件可以快速将设计服装的最终成品效果展示给客户和订货商，可以减少实际样衣的生成数量，提高设计款式的命中率，减少不符合消费者需求的样衣打样和制作。另外，通过 3D 虚拟服装软件可以快速实现与客户的沟通，节约时间成本。在定制服装和外贸服装的应用场景中具有很大的优势。未来随着服装虚拟软件更加成熟，以及其他虚拟现实技术的发展和服装销售、生成、运输等环节的智能化柔性化变革，包括在元宇宙概念下已经悄然开始的纯虚拟服饰的设计、销售和使用，服装行业将会发生巨大的变革。

从目前来看，3D 虚拟服装软件主要的应用场景有以下几种：3D 虚拟挂装，通过虚拟的形式进行服装的虚拟挂装展示或者售卖，如图 5-30 所示；虚拟的叠装，模拟店铺的叠装展台或者展架进行服装展示和售卖，拓展服装的展示和售卖空间和场景，如图 5-31 所示。3D 虚拟动态表演，近年来很多品牌和时装周及时装院校不便开展线下发布，采用或者结合线下的形式进行 3D 虚拟服装动态展示，如图 5-32 所示。3D 的服装静态展示，观众可以从三维的角度全方位对服装各细节和角度进行观看，如图 5-33 所示。

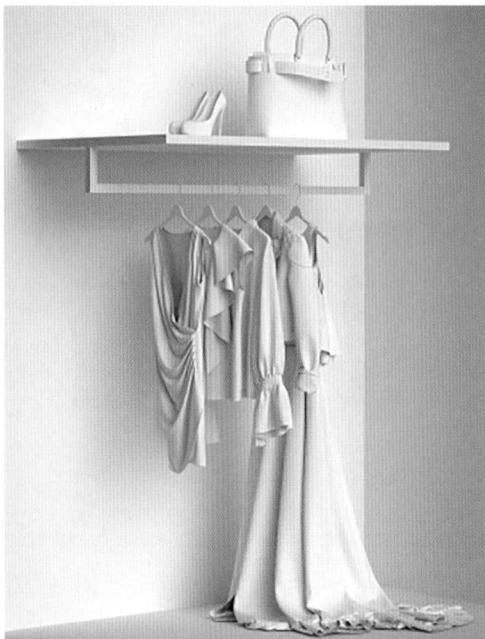

图 5-30

图 5-31

图 5-32

图 5-33

三、CLO 3D 虚拟缝制基本步骤

首先打开软件、选择合适的虚拟模特，其中包括形体数据、外观等，选择完成后将其导入。然后导入板片，其中板片的生成可以从其他软件导入，也可以直接设计绘制。接下

来安排板片，就是将板片放置在模特身体对应的部位。安排完板片后再进行板片缝合，并进行模拟试穿。根据模拟试穿效果进行板片及面料调整。往往我们的设计还会有一些图案工艺和肌理等效果，可以通过软件添加贴图的形式进行导入。当大致的效果完成后，再进行细节调整。例如，缉缝的明线等。当设计效果都达到预期后，再调整模特姿势进行渲染导出图片，如图5-34所示。

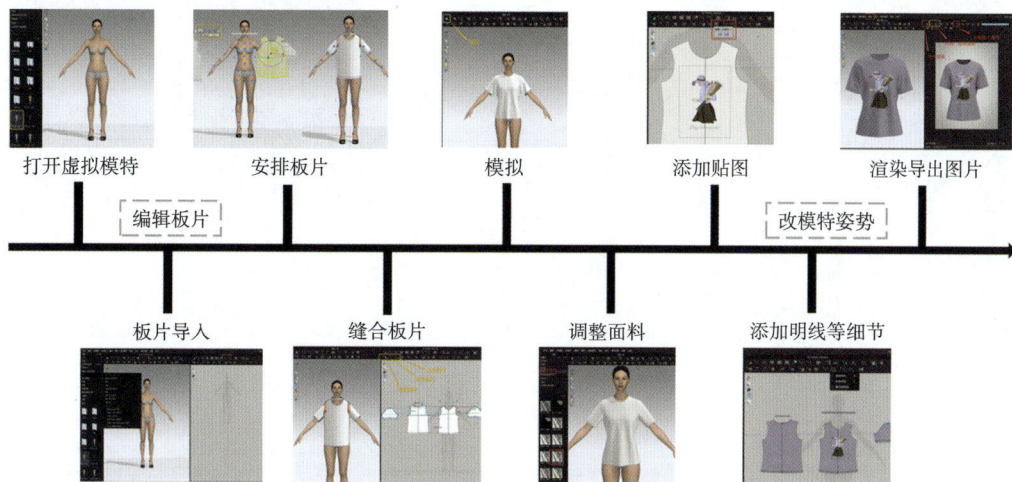

图5-34　CLO 3D虚拟缝制基本步骤

四、3D软件应用对服装教学的影响

教育适应产业的发展需求，3D虚拟现实技术也在逐步改变我们的教育教学。从服装的设计、生产制作，再到服装的生产管理、服装的零售及展示的各环节和应用场景都有3D虚拟现实技术的融入并逐步推进。如图5-35所示，是2020年安特卫普皇家艺术学院MA毕业秀作品；图5-36是美国帕森斯设计学院的本科学生Lauren Yoojin Lee的设计作品，其整个作品系列都使用CLO 3D呈现。

教学融入产业、产教融通并助推产业发展是职业教育的基本特征。如图5-37所示，是广东职业技术学院服装学院2020年毕业生3D服装系列设计作品（扫码可见完整视频）。整个系列作品的定位就是将潮流服饰与传统艺术结合，在3D数字化场景搭建上以中国宫殿建筑为背景，凸显作品的时尚内涵的同时，让人感受中国文化艺术的恢宏大气。

如图5-38所示，广东职业技术学院服设202班杨咏琪和203班杨咏琳的设计作品"进入蒸汽波世界"，灵感来自人在睡梦中，失重坠入深渊又在触电般的状态下惊醒，并将这种体验的生理、心理的复杂成因与数字虚拟结合，最终围绕人在"梦魇"中的数字化虚拟世界的记录进行设计创作（扫码可见完整视频）。这组作品在数字化虚拟设计和服装成

图 5-35

图 5-36

广东职业技术学院2020服装毕业设计3D作品展

图 5-37

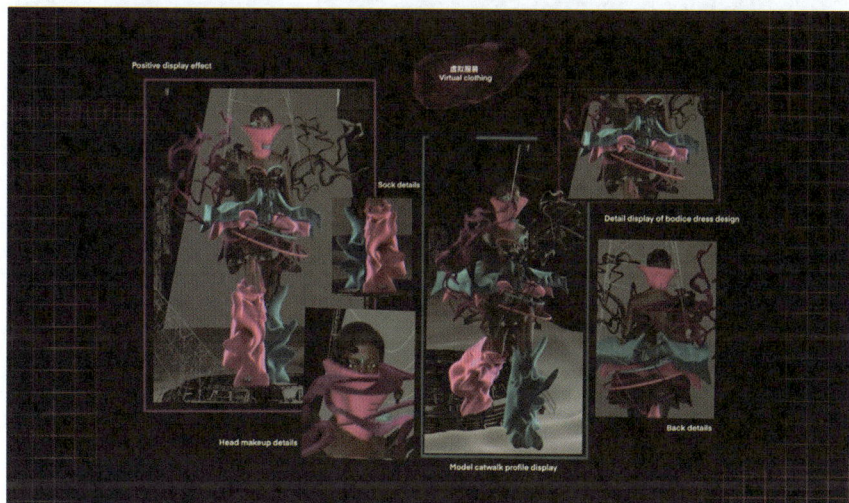

"进入蒸汽波世界"作品3D走秀

图 5-38

衣结构设计上进行了大胆的尝试，图5-39是系列设计中一套服装白坯样衣的实物呈现。该系列设计既具有"元宇宙"虚拟服装的IP效益，又具有服装成品的衍生效果，很容易被特定群体所接受。

　　图5-40是广东职业技术学院服装学院中高职衔接服设21陈雯瑶的参赛作品，该作品获得由中国纺织服装教育学会主办的2023首届"全国师生3D服装设计大赛"学生组"金奖"。该作品展现了学生在限制条件下的3D虚拟仿真的设计能力和水平。该比赛全面检验学生利用3D虚拟软件在面料特性表达、服装结构设计、服装工艺运用及3D服装作

品陈列展示等方面的3D数字化综合能力。作品即产品，只需要稍微调整即可进入实物生产环节。

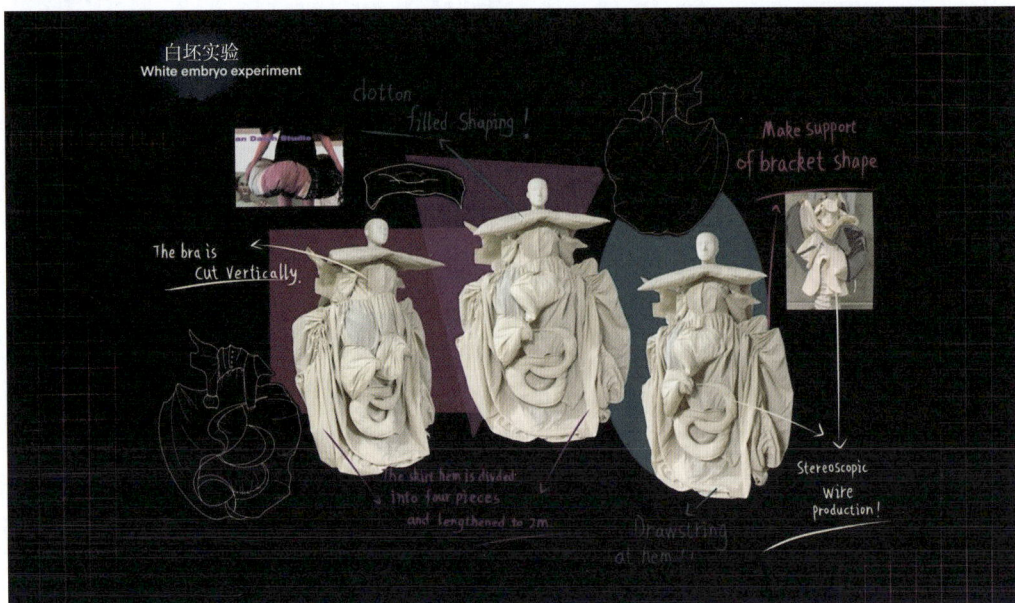

图 5-39

图 5-40

图 5-41是陈雯瑶同学的作品，设计灵感来自民族服装，通过多次调整最终呈现出如图所示的作品效果，目前已有数字产品交易平台在接洽，将该作品进行数字化确权，并进行数字化销售。

"傩"作品3D走秀

图 5-41

课后思考与练习

1. 根据自己的设计系列作品，制订拍摄计划。

2. 根据自己的设计系列作品，绘制其中至少一套3D虚拟效果。

3. 根据自己的设计系列作品，构思自己作品的静态展览形式。

课后拓展

扫二维码可见服装系列拍摄方案。

服装系列拍摄方案

第6部分
职业素养与求职技巧

课前准备： 1. 预习第6部分内容。

2. 收集整理自己的优秀设计作品和获奖证书。

课时分配： 项目一　服装专业职业规划　2课时

项目二　服装企业求职技巧　2课时

项目三　服装设计热门主题分析（品牌创设）　4课时

重　　点： 1. 设计制作个人作品集。

2. 国风服装的设计方法。

3. 面试礼仪与技巧。

难　　点： 1. 就业定位。

2. 职业分析。

3. 国风服装的系列化设计。

项目一
服装专业职业规划

对于即将踏上社会和工作岗位的服装专业毕业生来说，在求职之前，应全面分析自己的性格特点、擅长的领域，为自己未来做出职业规划。

任务一　就业定位

对于大学生特别是职业院校学生进入社会，就需要有培养工作意识、专业意识，以及其他各方面能力的意识，尽早地建立自己的事业网络，积累实习经验，制订就业计划和目标。尽可能多地参加各种竞赛和实习活动，以此提高自己的竞争意识、创新能力、组织能力、团队协作能力及拓展专业视域和人际脉络。

在校期间，学校会安排学生去企业观摩、短期实习，或者与企业协作开展校企实践项目，这些对学生来说都是非常有利的学习条件，其可以借助实习和项目的开展，对企业的各个工作岗位、工作特点、工作方法有基本的了解，观察不同岗位的特征，为将来的就业定位打好基础，避免出现先就业后择业的情况。对于企业来说，更多会倾向于有工作经验的职员，同时也喜欢稳定的职员，稳定的职员便于企业作为培养的对象长期考虑。

在准备就职之前，需要为自己确定一个职业目标，这便是职业生涯规划的起点。职业生涯，就是一个人一生工作经历中所包含的一系列活动和行为。根据美国组织行为专家道格拉斯·霍尔的观点，职业生涯规划分为个人的职业生涯规划和组织的职业生涯规划。个人的职业生涯规划即在对个人和外部环境因素进行分析的基础上，通过对个人兴趣、能力和个人发展目标的有效规划，以实现个人最大化为目标而做出的行之有效的安排。换言之，就是职业生涯规划在个人性格特点和兴趣、具备能力、条件和专业知识以及社会和市场等方面实现平衡。

做好个人的职业规划，避免先就业再择业。在找工作之前，要对自己的兴趣、性格和特长多一些了解，对职业多一些认识，或许就会对职业多一分把握和自信。明确的职业目标、具体的规划和求职准备能帮助学生更快地找到属于自己的事业。在校期间，学生还可以将自己的优秀课程作业、设计作品、课程实践项目等，发布在微博、小红书、抖音等网络平台，以建立自己的一个在线作品平台，从而方便用人单位快速地了解自己的专业能力、特点特长、兴趣爱好等。

任务二　实习工作

　　工作实习期间的报酬通常不高，但做的工作很琐碎。例如，跑面辅料市场、做资料整理、接听电话、接待等工作，也可能协助服装搭配、协助拍摄、协助完成设计或者工艺、整理样衣等。这些看似杂乱、琐碎的工作，都必须用心去做，这是了解服装行业工作特点、掌握企业运作模式、了解服装企业各岗位工作任务和能力需求的机会，可以从中学会人际关系的沟通、结交朋友、虚心向前辈学习、学习别人的优点。当然，如果已经具备非常好的专业能力，或者公司需要人才补充，那么完全可以从一开始就发挥专业优势，为企业提供好的设计方案和技术补充。

　　在实习阶段要虚心学习，这里既包括业务能力、专业技巧，也包括处事方式，这些都非常重要。企业工作和大学学习是两种截然不同的环境，首先应该学会适应环境，其次思考如何展示个人能力。初入职场，个性和自我表现应当控制在一个安全范围内，否则就有可能被他人所取代。例如，对于一个服装设计专业的实习生来说，设计经验有限、市场经验缺乏，尚不了解实习公司服装设计的特点和运作模式，也缺乏对其品牌客户画像的具体了解。所以，需要先学习了解企业的服装风格特点、客户需求、趋势变化，将近几年销售数据好的服装风格特点、面辅料使用情况、色彩及工艺特点、板型特点，以及其他影响销售的推广渠道、手段、流行背景、重大事件等进行综合分析。调整好心态，越早掌握专业实践，就能越早在公司中发挥作用，最重要的是所掌握的专业能力是自己的；学会主动思考，发现工作中的问题和缺位，及时补位，不要等着上级领导要求做什么才做什么。工作完成后及时向上级领导汇报，这样能及时抓住机会，也会给人积极、主动工作的印象。另外，在工作中，一要守时、二要有条理、三要虚心学习并做好工作记录。

　　就业与实习是双向选择。对于一家企业而言，企业的决策者非常重要，他的发展思路会决定公司发展的前途。学生需要了解实习企业的基本情况和发展规划。现在整个服装行业都处于转型阶段，有些服装企业没有长远的规划，目前发展尚可，但将来未必适应产业的发展；而有些新型服装企业虽然目前规模不大，但有明确的发展规划和目标，且实际企业业绩增幅明显，这些都需要综合分析和考虑。另外，部分企业没有明确的发展规划，企业团队成员也不具备一定的行业经验，在没有一定经验人士的指导下，新员工发挥不了多少作用，也不能很好地进行实习锻炼，单纯靠自己摸索不利于个人的快速成长。

随着服装产业的转型升级和全球纺织服装行业的格局变化，近几年的服装产业发展，对服装设计创意、智能化服装设计、柔性生产制造、虚拟服装设计、服装大数据分析、服装搭配、电商直播、陈列设计、时尚买手等方面的人才需求增加。随着技术的进步和消费需求的改变，使得服装行业的岗位需求更加多元。下面对服装设计专业可能涉及的主要岗位，就其不同的工作要求和职业素质要求进行职业描述，见表6-1。

表6-1 服装设计专业岗位工作任务及职业素养描述

岗位	职业素养
女装设计师	作为女装设计师，要紧跟流行趋势和社会热点，要敏锐地捕捉服装整体造型和文化潮流特点 女装的款式设计更新速度快，服的造型和面料采用的变化也非常大 女装系列设计非常注重主题性，强调设计理念的传导，但同时也务必保持产品与产品之间的关联性，并形成整体的系列风格和品牌风格 在面辅料选用和样衣制作阶段需要和制板师、工艺师协同工作；在试衣阶段，通过试穿进行样衣修正和调整也是必要的工作环节 由于服装设计是一个团队的工作，是寻找面辅料、产品设计、缝制、销售等团队合作的产物，因此作为服装设计师必须要具备良好的沟通、组织能力以及周密的逻辑思考能力和产品研发能力，要懂得人际关系学 作为一名成熟的设计师必须把握好设计点和卖点之间的平衡
男装设计师	男装的设计变化相对没有女装那么明显，男装的变化多数发生在细节之处，特别是偏向商务和运动休闲类男装一般不会在造型或色彩上轻易做太大的变化，因此作为一名男装设计师要有一双对细节变化十分敏锐的眼睛 男装设计师对于品牌形象的理解、细节设计的把握和创新方面需要较好的能力 高端男装特别是商务类男装对于面料、板型、工艺的要求特别高，更注重前期的面料设计开发和产品的品质 偏向时尚和运动类男装有类似女装的款式更新和开发模式，但总体在年度和季度上的产品界限没有女装那么明显 男装设计更侧重图案设计和品牌商标的运用，注重图案造型的创意和图案实现工艺的结合运用 一个好的设计从理念到成衣，再成为商品，是一个完整的过程，需要团队合作完成

岗位	职业素养
童装设计师	童装相对成人服装在流行趋势的敏锐度上略低，但总体上还是紧跟时尚潮流 作为童装设计师，对色彩搭配的把握要胜于其他设计师，因为不同年龄段的小朋友对于色彩的认知不同，总体对色彩更加敏感 童装中的图案元素运用非常广泛，其中图案的内涵、版权以及涉及小朋友身心健康等方面的内容较成人服装更加需要注意 童装设计师更注重对面料舒适性、环保性、亲肤性、安全性等方面的把握，一切以儿童的健康为第一要点进行设计 作为童装设计师要对不同年龄层次进行区别对待，要研究不同年龄层次儿童的心理特点、体型特点、色彩喜好及热点话题等
针织服装设计师	针织服装是舒适、合体和柔软的，它能够通过良好的吸汗性来调节面料的温度和凉爽程度。针织设计的范围很广，包括T恤、毛衫，还包括弹力面料服装、运动装、活动装、内衣及袜类以及"仿生"服装 针织服装从织造工艺上分为横机类和圆机类。由于针织服装设计特别涉及横机类针织产品，其在工艺上有相对专业性，所以企业对于针织品类一般会设有相对专门的岗位 针织服装设计师对织物肌理的鉴赏以及色彩和款式的流行趋势的把握能力是必不可少的 针织服装设计师需要熟知纤维、针迹、毛织工艺、毛织电脑花型设计等方面相关知识
时尚买手	时尚买手主要服务于品牌公司、商场或精品店。时尚买手主要有两种形式，即买入和导出 买入主要是指采购样衣或采购成品，到国内外采购样衣进行再设计或者生产，采购成品分为集中式采购和部门式采购。集中式采购允许连锁店之间的货品可以互相移动，采购数量大，也意味着价格可以从优；部门式采购更强调地区化 导出是指对服装要从最后卖场终端来考虑服装的出处，因而作为时尚买手还必须了解服装陈列和销售数据分析 买手的从业要求比较高，要及时通报时尚前沿的信息；对货品结构熟悉，知道哪些正是在热卖中、哪些在杂志上出现过，并能提前预测半年至一年后顾客的需求，能用数据分析销售情况 时尚买手虽然不参与具体设计，但比设计师更懂货品的整合及销售 近年也出现了不少企业设置买手型设计师岗位，设计师先采购服装再根据自身品牌需要进行产品组合或服装的再设计，既节省开发成本，又提高效率，但更需要注意知识产权的界定

岗位	职业素养
服装陈列师	服装陈列师目前分为两类：一类为陈列研发，主要是制订下一季的陈列手册、陈列标准、陈列策划以及橱窗设计、店务培训；另一类为陈列实操，主要为新开店的货品陈列出样、新品陈列、日常店铺陈列维护等。卖场前期装潢的跟进与沟通由陈列形象推广部负责 在线店铺的美化和货品展示也逐渐成为陈列设计师非常重要的工作内容，服装产品的拍摄、服装信息的展示及表述，甚至在线虚拟货品的陈列空间的设计都需要更多的综合技能，并逐渐成为专门的岗位，企业需求非常巨大 服装陈列师要对品牌负责、对品牌形象负责，其对品牌形象起着提升和传播的作用 作为服装陈列师，首先，要有很好的营销眼光，从营销的角度去完成陈列，知道消费者需要什么，能揣摩消费者的消费心理和消费需求；其次，要有敏锐的市场眼光，能引导消费者购买服装，了解当今服装的流行趋势，了解服装流行的信息来源，能及时捕捉流行和时尚的元素；最后，要有很好的艺术修养、较好的审美判别能力，能对卖场陈列和橱窗陈列有独特的创意，以区别于其他竞争品牌的陈列 陈列设计师要有较好的语言表达能力和沟通能力，做好与店员的培训和沟通，做好各部门的沟通和协调工作
服装制板师	服装制板师需要根据款式完成服装纸样结构设计 作为服装制板师，需要根据设计师的设计方案对产品进行结构分析，提交优化结构设计方案 熟悉面辅料性能，对新产品试生产过程中进行技术跟踪与指导 不同服装品类的制板师一般依据经验进行制板并制订生产流程。在大数据的支持下，未来更多的企业将更多依靠对数据采集、分析及应用进行更加高效精准的服装结构设计并安排生产流程，这对服装设计师制板提出了更高的要求 服装制板师还需要具有审美能力和流行趋势的嗅觉以及良好的沟通技巧和团队协作能力
服装营销人员	服装营销主要负责市场开发，并且能够制订营销方案与计划，还需要了解广告基本知识以及基本的陈列知识 营销类岗位需要负责处理客户反馈任务、能看懂工艺单 营销类岗位负责与客户进行沟通，并寻找最佳解决方案，需要了解服装的工艺、品牌的定位及概念传导，需要有较强的沟通协调能力以及语言表达能力 了解并掌握流行趋势变化，能够组织产品供货货源并对销售终端进行管理

毕业生从事服装设计，都是从设计师助理开始，缺乏市场经验和目标客户群体需求的认识以及生产成本和工艺技术的积累，极少有刚毕业的设计人员能够胜任设计师岗位，这与天赋和勤奋无关。但通过踏实的学习和积累，可以尽可能快速地从设计师助理成长为设计师、主设计师甚至设计总监。刚开始到公司实习，主要工作是熟悉公司的品牌风格、品牌效应以及设计预算；或者画一些买来的样衣款式图，配上面辅料，拿着效果图和设计板单与技术人员沟通；或者整理样衣和订货会的服装。了解公司的面辅料特点，有利于控制成本；与面辅料供应商沟通，是获得面辅料信息的一个重要渠道；跟踪样品制作过程，可以尽快熟悉品牌服装的样板造型和多样的工艺手段，且更好地增加设计的丰富性。此外，还可以利用业余时间对消费品市场进行分析，阅读各类杂志和感受市场的影响，紧跟当下的时尚潮流，这会为积累工作经验和为后续发展甚至创业提供保障，见表6-2。

表6-2　服装设计岗位工作任务与职业能力分析

工作领域	工作任务	职业能力
服装设计师助理（0~2年）	配合设计师完成设计图纸，配备完整设计方案所需资料	具备本专业的素养，具有接收和分析工作任务的能力 具一定美感和款式分析能力 熟练运用 AI\PS\CDR 等绘图软件绘制服装款式图 能根据服装面、辅料以及缝制工艺完善设计方案 掌握基础办公软件
	负责与生产部门交流与协作	具备服装加工生产的基本知识，具有较好的沟通协调能力与素养 掌握服装市场营销对服装产品需求 能够评估样衣与生产大货质量
	负责服装市场调研、分析服装外观、材料等流行因素	具备设计调研的能力，能根据消费群体进行市场分析 能够依据设计方案进行外观设计 能够依据设计方案中的任务进行面辅料的选用
	负责设计工艺单的制作及按公司报价单要求编制预算书	具备设计工艺单的编写能力，能依据工艺单与生产工作人员进行沟通 掌握服装跟单流程，根据面辅料及加工编制款式预算 了解电子商务手段
	完成产品确认及出厂前验收工作	能够对产品样衣进行确认、评估 能够对于大货产品进行确认、验收

工作领域	工作任务	职业能力
服装设计师（2年以上）	根据设计方案与任务，参与细化设计开发	具有良好的美感，能够独立完成款式设计并绘制设计方案 熟练运用服装设计软件，将设计方案中的任务细化 熟练运用服装知识进行服装结构与工艺开发 掌握图案色彩的流行趋势
	制订服装产品配置方案	具备对服装市场的分析能力，掌握服装市场营销与对产品需求区配 能够依据设计企划制订季度产品的配置方案 能够制订促销产品配置方案 掌握服装材料性能
	负责完成结构设计和工艺设计等	具备依据设计方案中的任务进行结构设计的能力 具备依据设计方案中的任务进行工艺设计的能力 能够独立完成生产工艺单的设计并对其负责
	负责和生产部门沟通，跟踪产品制作全过程	熟悉生产工艺，掌握服装跟单流程，具备良好的沟通能力 掌握电子商务手段
	完成产品确认及出厂前验收工作	能够对产品样衣进行确认评估 能够对于大货产品进行确认、验收
服装设计主管或主设计师（3~5年或以上）	分析市场潮流风格及发展趋势，指导安排设计师进行设计研发工作	具有良好的美感，熟练掌握服装结构和工艺知识 具有一定的管理协调能力 能够依据市场需求进行系列产品开发，并对产品的发展趋势做出分析与判断
	从事产品结构及工艺的总体设计	具有良好的流行趋势分析能力 熟练掌握服装的结构和工艺知识，能够对工艺和结构的最新趋势做出分析和判断
	指导设计师绘制产品设计效果图、款式图、生产图等	熟练掌握各类设计图绘制软件 具备指导设计师和设计助理进行产品设计的能力
	负责产品设计图纸的审核和原料成本的核算	能够在设计产品时进行基础成本核算 能够在系列产品设计时进行生产成本控制 能够依据市场需求和设计企划方案，对系列设计方向和设计细节进行审核

工作领域	工作任务	职业能力
服装设计总监（至少5年甚至10年以上工作经验）	根据公司和品牌的整体发展战略，确定产品发展目标及策略	具有良好的市场分析能力和设计美感 熟练掌握男女装的结构和工艺知识 熟悉服装品牌定位以及实施方法，具有较强的沟通协调能力、语言表达能力 具有敏锐的市场嗅觉、良好的流行趋势分析能力，能够对服装面料、工艺以及结构的发展趋势做出研判
	负责公司品牌及产品市场定位，制订产品开发策略和计划	具备良好的服装专业素养，能够根据竞争对手和市场需求进行品牌调研 能够进行市场定位，制订阶段性品牌产品开发规划 具有良好的沟通协作能力以及生产加工资源的开发能力 具有服装电子商务技能
	负责建立、健全本部门作业流程和各项目管理规定，执行、落实各项规定	具备将品牌产品开发规划分解成开发项目 具备对设计项目的管理和监督执行能力
	负责团队建设与管理，对团队工作负领导责任	具备良好的专业素养以及责任意识 具备团队管理能力、与其他部门的沟通协作能力
	负责考核部门员工业绩、态度、个人发展潜力	能够评估各类产品开发成效 对员工工作方案以及工作业绩进行行业业绩评价 具备季度产品开发预算、部门经费开支预算以及成本控制的能力

项目二
服装企业求职技巧

任务一 服装企业求职形式与面试流程

一、服装企业求职形式

现在网络资讯非常发达，获取企业招聘信息的渠道也非常多，对于在校毕业生的就业渠道，主要分为"校招"和"社招"两大类。

"校招"就是面试企业和学校或者学校的各二级院系负责就业的部门或老师联系，由企业的人事或用人部门来学校直接进行现场招聘。学校对于就业工作历来也非常重视，一般会将各招聘企业集中在毕业季前夕某时间段，以大型招募会的形式开展。有时也会因为某优质企业的用人需求，专门组织开设专场招聘会。"校招"的企业一般都会先由学校负责就业的部门和老师对其企业的资质、规模和用人需求进行把关，相对"社招"比较有保障。另外，据部分数据平台统计数据显示，对于应届毕业生，"校招"的平均薪酬要略高于"社招"。希望学生们提前了解学校招聘会往年的举办时间并提前做好相关准备。

"社招"主要是指通过非学校渠道的其他招聘形式。具体形式多样，可以是通过政府或行业组织的大型招聘会，也可以是通过专门的招聘网站，还可以通过服装企业的官方网站将自己的简历投递到其人事部门的邮箱等，另外可以通过自己的人际关系获取用人信息。前面三种方式获取的招聘信息相对有一定的保障，通过人际关系获取的就业信息要进行甄别，如果无法把握最好先咨询一下相关老师，听取老师的建议。另外，还有一些从中介类型的招聘机构获取的招聘信息，这类需要保持一定警惕，特别是以招聘为由还需要缴纳各种材料、体检等各种名目费用的招聘一定不要轻易相信，以免上当受骗。在求职过程中还需要注意人身安全和个人信息的保护。

二、服装企业的求职基本步骤

1. 投递简历

首先对要投递简历的服装公司进行充分了解，掌握公司的基本信息、企业发展理念、品牌文化、服装风格等，决定是否考虑投递简历。其次要对面试岗位需求进行充分了解，具体包括岗位的工作任务、技能要求、能力素质要求等，通过以上信息结合自身特点和优势制作个人简历，并投递简历。简历制作的形式可以很多样，一般包括个人照片、联系方式、求职意向、出生年月等基本信息，教育背景或培训经历，校内外实习和实践经历，获得的奖励和荣誉，自我评价等，设计类岗位最好附上部分有代表性的设计作品。

2. 预约面试

一般在成功投递简历后两周之内会收到企业的面试通知，如果超过两周都没有收到面试通知，就可以放弃这次机会了。当然如果是招聘会形式的简历投递，是否面试一般很快就决定了。对于非招聘会的简历投递，收到面试通知一般会告知面试的时间、地点、联系人、面试岗位以及相关准备的事宜。如果是面试服装设计岗位，无论是否通知都可以带上自己的作品集，对于服装设计岗位来讲，作品集是对自己设计水平、能力、风格特点的最好说明。

面试前准备好个人简历和作品集、重要的获奖证书和技能证书，以及工作履历的证明材料，但注意清晰简要，突出重点。面试前注意自己的仪容，男生整洁清爽、女生淡妆从容，作为服装设计师更要注重服装的穿着和搭配，注重设计感和品位。面试的内容一般包括三个环节，首先是自我介绍，然后是问答，接下来还可能有实操，实操环节可能是依据主题进行系列设计，也可能是电脑画图，还可能是现场搭配等。

3. 面试完成

面试完成后一般会在一周内收到录用通知，并告知待遇范畴和具体上班时间以及其他事宜。如果没有收到录用通知也不用灰心，面试不成功的原因可能是主观因素也可能是客观因素，甚至其他偶然因素导致。但无论怎样，都应该总结本次面试的经验，将发挥好和不好的地方都进行客观总结，每一次面试都是经验的积累。

任务二　服装毕业设计作品集的准备

服装设计专业求职，其作品集是个人大学期间学习成果的重要展示窗口，也是服装企业招聘服装设计新人，了解其设计风格、设计能力、知识和技能构成的最直接的方式。

一、服装设计作品集的作用及基本内容

设计类专业在实习、找工作、升学、留学等申请活动中都需要提交作品集。作品集最能代表其设计能力、审美能力、专业素养和技能、个性特长及综合素质等。服装设计专业作品集的内容包括基本信息介绍，少量优秀手绘作品、求学期间的优秀设计作品、毕业设计（已毕业）、社会实践作品、比赛获奖作品，以及证书、课题研究项目展示等方面的内容。

二、服装设计作品集设计制作中需要注意的事项

1. 作品集质量与数量的关系

作品集中的作品质量一定要高，要够专业。不要妄想把所有东西展示给面试官，他的时间精力有限，只想看到的是你的最高水准和你的特点，而不是你的全部。

2. 注重作品集主题、注重内在逻辑、侧重素材展示

特色鲜明，主题明确的作品集，能让面试官对你印象深刻，在众人中脱颖而出。作品集的内在逻辑清晰能体现设计师的逻辑思维能力和综合素养，侧重素材的展示是最直观地展现你的设计水平的途径。文字不要太多，尽量通过作品图片说话。

3. 特立独行的版面布局

设计师的作品集，版面设计切勿模板化。作为一名设计师，个人的设计作品集必须要有一定个性，避免使用模板。如何让面试官认同你的设计能力和审美水平，封面、目录、色调、布局、装订、材质、尺寸大小都要仔细推敲，需要风格统一。

4. 完整的设计思路展示

作品的展示不仅要展示最终的效果，最重要的是要向面试官展示自己的设计思维。从概念版、前期调研分析、设计实验和草图等，都可以很好地体现出自己的设计思维，如图6-1所示。过程的探索可以展示出设计者的思考能力，这在作品集中比单一的效果图更能体现出设计者的水平。面试官希望从作品集中看到你的设计潜质。往往那些带有实验和探索性质的作品更能打动人。

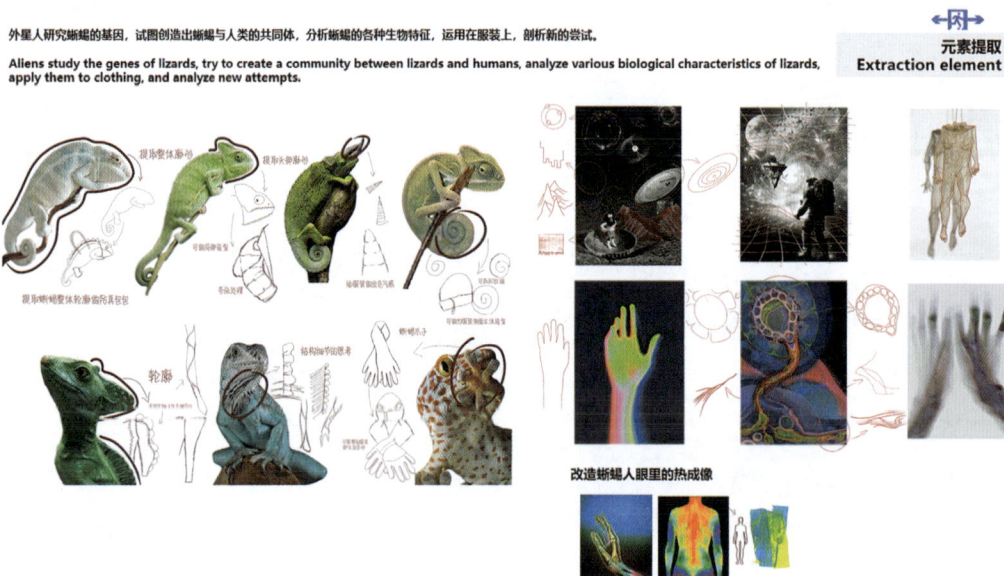

图6-1

任务三　面试礼仪与技巧

简历投放之后，一般会在两周内接到用人单位的电话，要求在指定的时间去面试。也可以在投放简历一周后，通过电话询问自己是否在被考虑之列，或能否约定时间面试。

一、前期准备

从投简历到接到面试通知前，要利用好这几天的时间做好面试前的准备工作。除了前文提到的服装和妆容，对于非常期待的公司的面试还可以将求职资料按照面试公司的情况进行有针对性的调整。提前了解其品牌风格特点、竞争品牌，分析公司产品的竞争优势，以便在适当的时候提出合理性建议。对于招聘的公司来说，比较中意于对自己公司有所了解的应聘者，这说明应聘者对公司很有兴趣，可以体会到应聘者对公司的用心。

二、面试

面试最关键的考验，往往体现在一些细节和瞬间的表现上，这决定了你求职的成败。面试当天的到达时间非常重要，要提前到达，更不能失约，对于没有时间观念的应聘者，企业会一票否决。面试时着装整齐、大方、得体。应聘服装设计专业的工作岗位，穿着相对可以个性，但不要打扮得很怪异。在面试过程中，良好的坐姿及肢体语言能够展现自信，静下心来不要让自己看起来很紧张，清晰的思路、良好的语言表达能力可以客观反映一个人的文化素质和内涵修养。在与面试官交谈的过程中，尽量与人保持微笑和目光接触，面对所提出的问题要对答如流，但也不要夸夸其谈。

自我介绍要简明扼要，大方自信，能在5～8分钟内把简历和带去的材料有逻辑、有顺序和有重点地进行介绍。在面试官的一问一答中，正面围绕公司和岗位回答面试官的问题。特别注意在回答问题时，一定要站在有利公司的角度，不知道的没关系，千万不能去编造。对于专业技能方面的问题要诚实地表达，试着引用设计作品集中的例子来证明自己的专业技能和优势。一些公司会提出对刚开始工作的人员提供专业上的培训，记住对不懂的事不要装懂。对于询问有关这项工作中不清楚的或并未被提到的方面，如工作时间的长短及实习工资的待遇，该工作在未来的发展情况等，不要突然提出，在适当的时候再寻找机会了解。尤其是不要提出实习薪资这些问题，一般情况下，实习薪资差距不是很大，要让公司感觉你在意的是公司的前途，寻找的是机会。对于这份工作，不要表现得过于冷淡或过于急迫。即使有其他的工作机会，也不要详尽地谈论，因为公司希望听到的是你首先对他们感兴趣。

在面试过程中，要让招聘方觉得你态度诚恳，大多数公司招聘员工，会把你对此份工作的态度放在第一位，其次才是专业能力。因为对于专业上的技能可以通过到公司锻炼之后再提高，但态度决定了你对这份工作的认真程度。

三、面试后

一般会在一到两周收到公司的录用电话，接到录用电话就要做好去工作的准备，或者这几天也可以放松一下，更好地应对工作。

收到录用电话之后，还要避免一种情况，就是有些毕业生觉得被录取了，就对这家公司的实力持怀疑态度，开始犹豫不决，或者对自己的信心大增，觉得还可以找一家更好的公司。出现这种情况，一方面，在应聘之前要对自己的实力进行综合评估，对职业作出规划；另一方面，要把握好自己的心态，踏实就业。

如果没有收到电话，也可以自己打电话进行确认。如果这次不成功，不要灰心丧气，重新振作起来，要自信，要相信自己的能力。若未被录用，在面试之后和下一次的面试之间，重新整理资料，调整心态，找出自己的不足，利用这段时间及时补充，不要为了找工作总处于等待之中。

项目三
服装设计热门主题分析（品牌创设）

服装设计领域对于中国传统文化在服装作品中的演绎和表达，一直都在进行着各种探索和尝试，但真正成为重要的流行趋势，走进大众的日常穿着并形成广泛认同还是最近几年的事。如何继承和发扬中国传统服饰文化、提升中国文化的软实力，既是新一代服装设计师的历史使命和责任担当，也是市场环境下的服饰品牌创新创立的商业机遇。我国经济、科技、文化实力的不断提升，"国潮"服饰这一时代命题，必将长期延续。随着全球生态环境的持续变化，绿色、环保、低碳已然不是人文理念和口号，而是走进并影响着我们的日常生活，随着"碳达峰""碳中和"目标的实现，服装的设计、生产、运输、销售、实用等环节都会发展改变。可持续设计的服装设计也已经成为服装行业的共同话题和实践行动。

任务一　"国潮"服饰兴起的原因

经济飞速发展、科学技术进步带动了文化自信。大众的认知也在改变，特别是"90后""00后"群体开始主动拥抱国产品牌。"Z时代"这批"千禧年"之后出生的年轻人所处的生活环境在物质及文化上与发达国家没有明显的落差，甚至在基础设施建设和通信科技方面会比西方世界的体验感更好。现在很多年轻人都曾经走出国门学习和旅游，真实的对比和体现会让他们对国内的社会生活环境和发展成就有更加客观的认识。

传统文化以现代化的方式传播并引起全社会的广泛关注，一些看似碎片化的事件，如《舌尖上的中国》《我在故宫修文物》《只此青绿》等一些映射和反映中国传统文化的当代作品，通过一定时间的积累，量变到质变地改变了公众的认知体系。

成熟的供应链带来产品综合品质的提升。我国大部分品牌企业本身就是做OEM起家，基本都实现了上下游产业链一体化布局。重视研发投入、自建研发中心。例如，运动服饰品牌特步就建立了国内首个跑步专属研究中心，其研发团队包含40多名国际专家和经验丰富的工程师；主动寻求与3M、陶氏化学、英伟达等国际领先的纤维材料开发商合作；生产上自产与配套工厂协作在订单上具备很强的快反能力；自建物流中心，整合现有物流管理体系和仓储系统；终端网点统一品牌形象、标准及数字化；高效一体化的供应链保障了产品的综合品质。

在电商大背景下，国货品牌深谙营销之道，能够更有效地触达消费者的需求。2021年微信用户数超过9亿人，抖音日活用户（DAU）超6亿人，小红书用户数超过3亿人。随着电商、社交媒体、直播等多平台的崛起，越来越多人活跃在微信、微博、小红书等平台，平台不断积累用户，产品有效触达消费者的同时，消费者本身的消费习惯也在不断变迁，对品牌方的反应能力也提出了更高的要求。面对新兴营销方式，相对于海外品牌，国产品牌深谙本土消费者心理与电商成长逻辑，能更及时地调整战略，领先国外品牌一步，享受电商流量红利，把握发展机遇。

任务二　"国潮"服饰发展机遇与设计师的担当

一、机遇

2019年百度与人民网研究院联合发布的《百度国潮骄傲大数据》报告显示，2009～2019年，中国品牌的关注度占比由38%增长到70%。李宁、安踏等国内知名品牌近年来都各自推出国潮元素的系列服装设计，李宁甚至已经逐渐转变成主打"国潮"运动的服饰品牌。自2018年李宁在纽约时装周的那场"国潮"服饰发布至今，李宁的销售利润实现了数倍增长（图6-2）。

纽约时间2018年2月7日，李宁品牌正式亮相纽约时装周2018秋冬秀场，作为第一家亮相纽约时装周的中国内地运动品牌，中国李宁以"悟道"为主题，坚持国人"自省、自悟、自创"的精神内涵，用运动的视角表达对中国传统文化和现代潮流时尚的理解，在世界顶级秀场完美演绎了20世纪90年代复古、现代实用街头主义，以及未来运动趋势三大潮流方向，向全世界展现了中国李宁的原创态度和时尚影响力。

图 6-2

二、责任

从几百年前开始，对于西方人而言"中国风"历来都是令其极度痴迷与追捧的元素。曾一度出现西方贵族阶层以抢购具有浓厚东方风情的商品为荣。20世纪以来，或者说自高级定制诞生以来，时尚圈就不乏诸多知名设计师们在高级定制时装设计中引入中国元素的热潮。克里斯汀·迪奥（Christian Dior）先生在1951年曾借鉴中国唐朝草书大家张旭的原帖拓本，设计了一套中国风纹样的鸡尾酒裙，如图6-3所示。

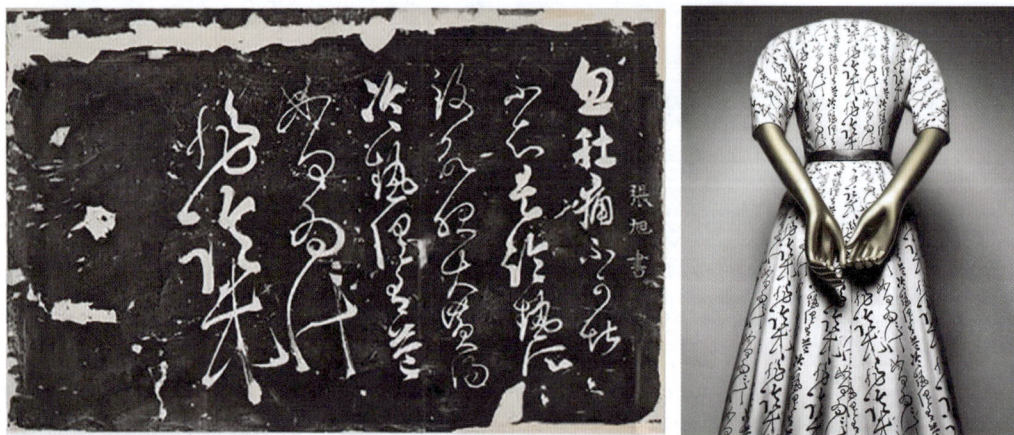

图 6-3

有着"不可救药的浪漫主义大师"之称的约翰·加利亚诺（John Galliano），在其设计生涯里，对中国一直怀有特别的情感，他对中国元素拥有十分强烈的喜爱之情，在其担任迪奥品牌设计总监期间，设计很多影响时尚的借用中国元素的经典时装作品，如图6-4所示。

三、担当

乌丫（UOOYAA）在2014年4月正式成立，短短数年时间，备受年轻人喜爱，年销售额达3亿。China Town系列令人有着非常深刻的印象（图6-5），可以找到很多外国人对于中国风格的理解，如熊猫、功夫等，这些元素通过戏谑的方式表达出来，让每一款衣服都非常有意思。其中，品牌定位、营销手段、产品设计都是成功的要素。

图6-4

图6-5

任务三 "国潮"服饰系列设计

一、案例一（武术）

如图6-6所示，系列设计的灵感来自武术，大多数同学可能会想到用功夫、拳术进行命名，而作者非常巧妙地将作品命名为"铠铠锵锵"，"铠铠锵锵"大家会马上联想到"刀枪棍棒"，再形象点会联想到戏剧中的武打动作和配乐。中国传统绘画和美学思想中讲究意境、注重留白，所以在面对中国传统元素系列设计表现时不要太直白，从取名就开始考虑如何"中国化"。

图6-7为设计效果图，很明显这并不是我们中国传统服饰的样式，也不是潮流廓型和搭配，但在细节、图案中都嵌入了中国元素。"借古"不是"仿古"，更不可以直接照搬，时代不同、生活环境不同，审美自然不可能和古人一样。我们设计服装是给大众穿，而不是给古人穿。

图6-6

图6-7

"铠铠锵锵"作品系列灵感来自武术，武术中被提及最多的是武侠文化，电影、电视剧中最喜欢通过"竹林"来渲染"江湖意境"。灵感和理念的范围不断缩小，设计的来源从抽象到具象，并逐步转化成服装设计中的图案、色彩、材料、廓型等元素。如图6-8所示，国风服饰的设计可以是先"借"再"转"后"变通"，三个步骤来实施，但具体设计还必须结合设计目标，在"借、转、变"的具体实施上做不同侧重。

案例一（武术）

是"借"不是"抄"，回归到当下流行元素、时尚款式设计、新型材料工艺

图6-8

二、案例二（戏剧）

　　"锁麟囊"又名"牡丹劫"，是程派京剧中的剧目，作者以剧目名字直接作为系列设计的主题名，从作品的成衣效果，如图6-9所示，可以看到虽然是现代化的成衣，但也有明显的戏剧化视觉效果。下面从款式廓型、图案色彩、工艺细节来分析设计师如何巧妙地"借""换"和"变"。

案例二（戏剧）

图6-9

如图6-10所示，这套服装的围裙，明显源自戏曲剧目中的围裙样式，但做了不对称设计，取了局部。色彩上运用大面积的红，但完全不是戏曲服装中那种明艳的红，而是替换成当下流行的"绯红"，围裙上的图案"麒麟"从形到色都做了变化，而不是一般中国传统图案中麒麟的形态和赋色。服装的上半身是长袖T恤作内搭＋紧身胸衣样式，和戏服差异巨大，但内搭T恤的图案和颜色又略带国风气质，在材料上也是更加时装化的设置。最后看下"换"，换上了时髦的发型，裙子换上了"流苏"这一近年来重点的流行细节元素，袖子比正常的T恤袖子要长，明显是呼应戏剧服饰中常见的"水袖"并加上了局部装饰。

案例二（戏剧）

1.借—局部—围裙
2.借—色彩—图案
3.换—款式—材料
4.换—发型—水袖—流苏

THE LUCKY PURSE

图6-10

如图6-11所示，此款"借"局部，从后领穿过前领的"如意"造型，非常形象并且符号化，设计师巧妙地通过这一局部来突出设计主题。从总体款式来看，这是一个非常现代的风衣款式，但设计师通过这一相对比较具象的"如意"造型，把设计意图和主题"立"了起来，包括"如意"中的文字"锁"也在进一步渲染主题。"换"款式，明显绿色风衣造型不是戏服样式，但通过腰带设计能呼应到戏服。另外，强烈的中国绿和现代的面料肌理都在变换中取得传统和现代的平衡。"变"，戏剧中的"裤子"变"丝袜配靴子"，且袜子用了近年流行的压褶工艺。

如图6-12所示，这款明显带有戏剧官服的气质，上衣虽然是T恤款式，但总体廓型比较有力，通过肩部强调并借"如意"造型，胸前规整的菱形绗缝工艺让造型挺阔，配色为权力象征的"黄色"。换"袖子"保留戏剧官服的廓型特点的粗壮，但明显有大小不

案例二（戏剧）

1.借一局部一如意（符号化）强调主题一图案
2.换一款式一面料肌理
3.变一丝袜一靴子一流行元素一压褶

THE LUCKY PURSE
DESIGNER: Jiang Yongli

图 6-11

案例二（戏剧）

（符号化）来源官服
1.借一颜色一款式一如意
2.换一腰带一袖子一绗缝
3.变一流行元素一流苏一英文字母

图 6-12

一的现代分割拼接。最后看"变"，原本戏剧官服中都有一个腰部装饰物，这里变成了腰带＋流苏，并配上了英文字母，样式变得非常现代。

三、国风服饰设计方法小结

以上两个案例可以看到"借、转、变"三种手法，借主要为借鉴，直接或者大致地"借用"某一元素；"转"是在参考元素的基础上进行适当变化；而"变"是比较大的改变或者完全替换某一元素、局部、款式。案例一"铛铛锵锵"是以时尚成衣为基础进行的创意服装设计，时尚化是基调，融合部分传统元素。案例二"锁麟囊"是以戏剧服装的改良设计为基础做的现代化设计，基调还是戏剧服装，融入的是成衣流行的元素。两者采用的设计手段类似，但设计所针对的目标却相差很大。所以在处理"国潮"服饰的设计上具体如何实施"借、转、变"还得依据设计目标和对象，进行程度不一、侧重不同的具体实施和把控。

💡 课后思考与练习

1. 设计制作一份特色鲜明、内容明确的简历。

2. 设计制作一份主题明确、特色鲜明的作品集。

3. 以"借、转、变"为设计思路，自拟主题，设计一系列（4套）服装，并绘制系列效果图，要求有明确的设计目标和设计定位。

💡 课后拓展

3D动态作品"边界行者"
设计师：朱文静

3D动态作品"看不见的链条"
设计师：吴丹琪、陈佩哲

3D动态作品"宫廷旧事喵"
设计师：刘诺倩

广东职业技术学院校内时装周开场
主题视频
设计师：冯韵珊

3D虚拟作品"狮意"
设计师：廖思瑶

3D虚拟作品"宫廷旧事喵"
设计师：刘诺倩

3D虚拟作品"星日"
设计师：刘妍

3D虚拟作品"边界行者"
设计师：朱文静

优秀拍摄作品"哀鸣"
设计师：张诗敏

优秀拍摄作品"破碎中重塑"
设计师：曾圆圆、卢茹倩

优秀拍摄作品"肥胖症"
设计师：洪颖、罗盈

优秀拍摄作品"可可西里"
设计师：张翠丽、李月莹

"万物有灵"服装毕业设计册
设计师：陈云、李沅琳

"人类生存指南"毕业设计案例

参考文献

[1] 刘晓刚，等 . 品牌服装设计 [M]. 5版，上海：东华大学出版社，2019.

[2] 苏永刚，罗杰，刘静 . 服装设计：时尚元素的提炼与运用 [M]. 北京：中国纺织出版社，2019.

[3] 张剑峰，姚其红，杨素瑞 . 服装专业毕业设计指导 [M]. 2版，北京：中国纺织出版社，2017.

[4] 徐慧明 . 服装色彩设计 [M]. 北京：中国纺织出版社，2019.

[5] 王舒，刘郴 . 3D数字化服装设计 [M]. 北京：中国纺织出版社，2022.

[6] 陈建辉，邵丹 . 服饰图案设计与应用 [M]. 3版，北京：中国纺织出版社，2022.

[7] 艾莉森·格威尔特 . 时装设计元素：环保服装设计 [M]. 北京：中国纺织出版社，2017.

[8] 黄荣华 . 中国植物染技法 [M]. 北京：中国纺织出版社，2018.

[9] 张为海 . 再谈数码印花技术现状与发展对策 [J]. 丝网印刷，2022（2）.

[10] 范福军，吕建 . 牛仔服的洗水工艺 [J]. 纺织导报，2008（12）.

数字资源对照表

页码	文件格式	名称	二维码
20	mp4	"一览长安彩"视频日志	
20	ppt	"一览长安彩"毕业设计案例	
21	pdf	毕业综合实践指导书	
24	MP3	古典风格音乐	
24	MP3	街头风格音乐	
24	MP3	未来风格音乐	

页码	文件格式	名称	二维码
32	ppt	"'神'说：要有光"毕业设计案例	
54	jpg	图 3–6 高清图片	
54	jpg	图 3–7 高清图片	
54	jpg	图 3–8 高清图片	
55	jpg	图 3–9 高清图片	
55	jpg	图 3–10 高清图片	
55	jpg	图 3–11 高清图片	

页码	文件格式	名称	二维码
56	jpg	图 3-12 高清图片	
56	jpg	图 3-13 高清图片	
70	ppt	"雾源"毕业设计案例	
86	ppt	"肥胖症"毕业设计案例	
95	ppt	"牵线木偶"毕业设计案例	
103	jpg	图 4-26 高清图片	
104	jpg	图 4-27 高清图片	

页码	文件格式	名称	二维码
104	jpg	图 4-28 高清图片	
104	jpg	图 4-29 高清图片	
106	jpg	图 4-30 高清图片	
107	jpg	图 4-31 高清图片	
107	jpg	图 4-32 高清图片	
108	jpg	图 4-35 高清图片	
111	jpg	图 4-42 高清图片	

页码	文件格式	名称	二维码
111	jpg	图 4-43 高清图片	
115	jpg	图 4-52 高清图片	
115	jpg	图 4-53 高清图片	
115	jpg	图 4-54 高清图片	
116	jpg	图 4-55 高清图片	
116	jpg	图 4-56 高清图片	
116	jpg	图 4-57 高清图片	

页码	文件格式	名称	二维码
117	jpg	图 4–61 高清图片	
122	jpg	图 4–73 高清图片	
122	jpg	图 4–74 高清图片	
139	mp4	3D 打印技术视频	
153	pdf	活动方案	
165	m4v	广东职业技术学院 2020 服装毕业设计 3D 作品展	
165	mp4	"进入蒸汽波世界"作品 3D 走秀	

页码	文件格式	名称	二维码
167	mp4	"傩"作品 3D 走秀	
167	pdf	服装系列拍摄方案	
190	mp4	3D 动态作品"边界行者"	
190	mp4	3D 动态作品"看不见的链条"	
190	mp4	3D 动态作品"宫廷旧事喵"	
190	m4v	广东职业技术学院校内时装周开场主题视频	
190	jpg	3D 虚拟作品"狮意"	

页码	文件格式	名称	二维码
190	jpg	3D 虚拟作品"宫廷旧事喵"	
191	jpg	3D 虚拟作品"星日"	
191	jpg	3D 虚拟作品"边界行者"	
191	jpg	优秀拍摄作品"哀鸣"	
191	jpg	优秀拍摄作品"破碎中重塑"	
191	jpg	优秀拍摄作品"肥胖症"	
191	jpg	优秀拍摄作品"可可西里"	

页码	文件格式	名称	二维码
191	ppt	"万物有灵"服装毕业设计册	
191	ppt	"人类生存指南"毕业设计案例	